固始县水资源综合规划

杨　州　余玉敏　李娟芳　等 主编

黄河水利出版社

·郑州·

内容提要

固始县位于河南省东南部,受自然地理条件限制,境内水资源及其可利用量比较紧缺。本书在坚持社会、经济、资源、环境相协调的总体原则下,且在全面评价固始县水资源及其开发利用状况的基础上,提出适应固始县经济社会发展需要的水资源合理开发、高效利用、优化配置、全面节约、有效保护、科学管理的方案以及对策。该规划成果可作为今后一个时期固始县水资源开发利用与管理的基本依据,对贯彻执行最严格水资源管理制度具有重要的指导作用。

本书可作为高职高专及本科院校相关专业师生的参考书,也可作为水资源类相关专业的技术人员及管理人员参考资料。

图书在版编目(CIP)数据

固始县水资源综合规划/杨州等主编.—郑州:黄河水利出版社,2020.8

ISBN 978-7-5509-2770-4

Ⅰ.①固… Ⅱ.①杨… Ⅲ.①水资源管理-研究-固始县 Ⅳ.①TV213.4

中国版本图书馆 CIP 数据核字(2020)第 145300 号

组稿编辑:简群　电话:0371-66026749　E-mail:931945687@qq.com

出 版 社:黄河水利出版社　网址:www.yrcp.com

地址:河南省郑州市顺河路黄委会综合楼 14 层　邮政编码:450003

发行单位:黄河水利出版社

发行部电话:0371-66026940、66020550、66028024、66022620(传真)

E-mail:hhslcbs@126.com

承印单位:虎彩印艺股份有限公司

开本:787 mm×1 092 mm　1/16

印张:12.5

字数:289 千字

版次:2020 年 8 月第 1 版　印次:2020 年 8 月第 1 次印刷

定价:65.00 元

《固始县水资源综合规划》
编委会

主　　编　杨　州

副 主 编　余玉敏　李娟芳

参编人员　李申莹　聂守洋　裴东亮
　　　　　徐　菲　王　玉　吴　磊
　　　　　高　阳　张　荣　申冠军

前 言

水是人类生存和经济社会发展的重要物质基础，是基础性的自然资源和战略性的经济资源，水资源的数量多少、质量优劣已经成为区域经济社会发展的制约因素，水资源的可持续利用直接关系到经济安全、社会稳定和可持续发展。

随着人口的不断增长和经济社会的迅速发展，用水量在不断增加，排放的废、污水量也在不断增加，水资源与经济社会发展、生态环境保护之间的不协调关系在“水”上表现得十分突出，水资源短缺、水污染严重、水生态恶化等问题已成为制约经济社会可持续发展的主要瓶颈。为了及时有效地解决水问题，必须加强水资源的规划工作，统筹考虑水资源与社会、经济、环境之间的协调，走可持续发展道路。

2011 年中央一号文件和中央水利工作会议明确要求实行最严格水资源管理制度，确立水资源开发利用控制、用水效率控制和水功能区限制纳污“三条红线”，从制度上推动经济社会发展与水资源水环境承载能力相适应。

固始县位于河南省东南部，系鄂豫皖三省交界、华东与中原交融地带。南依大别山，北临淮河，地理位置在东经 115°21′~115°56′，北纬 31°46′~32°35′。南北最长 94.16 km，东西最宽 56.19 km，总面积 2 941 km^2。东与安徽省霍邱县相接，北与安徽省阜南县隔淮河相望，西北、西、西南分别与信阳市的淮滨、潢川、商城三县相连，南与安徽省金寨县依长江河分界，东南角邻安徽省六安市叶集实验区。固始县辖 30 个乡镇 3 个街道办事处，人口 175.05 万，是河南省第一人口大县、农业大县，同时是全省确定的五个加快发展的区域性中心城市和十个省直管体制改革试点县之一。

固始县是一个区位独特的门户要地。它是河南省面向华东的东南大门，是“东引西进”的桥头堡，受中原经济区、皖江经济带和武汉城市圈交叉辐射，既处于信阳、六安、阜阳小经济圈辐射的交汇中心，又处于郑州、武汉、合肥大经济圈的内腹地。沪陕高速、宁西铁路、312 国道、339 省道和 204 省道纵横穿境，合肥机场、阜阳国际交通港近在咫尺，京广铁路、京九铁路傍依而过，淮河望岗港建成通航，初步形成了“公路、铁路、水路一体化”的交通格局。电力、通信等基础设施完善，商贸服务业发达，半径 150 km 范围内无大中城市，拥有较大的发展空间。目前，城市商务中心区、特色商务区“两区”南北呼应，以中心城区、特色集镇、美丽乡村为主线的现代城镇体系加快构建，城区已初步达到面积、人口“双 50”规模，区域性中心城市地位日益凸显。

连续 11 年被评为“全国粮食生产先进县”，是“全国三绿工程茶业示范县”“全国食品工业强县”“全国果蔬无公害科技示范县”“国家级生态示范区”“国家级现代农业示范区”“全省水产十强县”“全省畜牧业发展重点县”。

固始县是一个稳定和谐的人居福地。通过加大城建力度，城市建设日新月异，城市功能不断完善，先后获得“省卫生县城”“省级园林县城”“省级文明县城”“全国社会主义新农村建设示范县”和“中国人居环境范例奖”等称号。同时，围绕民生事业，着力改善人民群众的出行、就业、教育、医疗、文化、社保等生产生活条件，深入推进信访稳定和平安建设工作，社会大局和谐稳定，连续十二年被省委、省政府授予“全省信访工作先进县”称号，是全省唯一一个连续十二年获此殊荣的县，四家工作法等信访经验在全省推广。

固始县位于河南省东南部，受自然地理条件限制，境内水资源及其可利用量比较紧缺。根据固始县水资源调查评价，全县多年平均降水量 1 079.1 mm，地表水资源量 12.537 9 亿 m^3，浅层地下水资源量 5.058 8 亿 m^3，扣除地表水、地下水重复量，全县当地水资源总量 14.244 7 亿 m^3。按 2015 年人口计算的人均水资源量为 813.8 m^3，高于同期全省平均水平（430.0 m^3/人），低于全国同期平均水平（2 100 m^3/人），属于水资源相对紧缺地区。随着固始县国民经济和社会的快速发展，经济社会对水资源的需求越来越大，对水资源保护等有了更高的要求。加强供水工程建设、制订水资源配置方案、建设供水安全保障体系，合理开发利用和保护水资源，以水资源可持续利用支撑经济社会的可持续发展成为一项十分重要的任务。

规划编制根据《全国水资源综合规划技术大纲》《河南省水资源综合规划技术大纲》的要求，坚持社会、经济、资源、环境相协调的总体原则，在全面评价固始县水资源及其开发利用状况的基础上，提出适应固始县经济社会发展需要的水资源合理开发、高效利用、优化配置、全面节约、有效保护、科学管理的方案及对策。规划成果可作为今后一个时期固始县水资源开发利用与管理的基本依据，对贯彻执行最严格水资源管理制度具有重要的指导作用。

本书具体编写人员包括杨州、余玉敏、李娟芳、李申莹、聂守洋、裴东亮、徐菲、王玉、吴磊、高阳、张荣、申冠军。在规划成果编制过程中，得到了固始县政府有关部门的热情帮助和大力支持，在此表示诚挚的感谢！

《固始县水资源综合规划》项目组

2019 年 11 月

目　录

第 1 章　自然经济概况

1.1　自然概况

1.1.1　地理位置

固始县位于河南省东南部，信阳市东端，系鄂豫皖三省交界、华东与中原交融地带，南依大别山，北临淮河，地理位置在东经 115°21′~115°56′，北纬 31°46′~32°35′。南北两至点纬差 49′31″，南北最长 94.16 km，东西两至点经差 35′42″，东西最宽 56.19 km，全县总面积 2 941 km^2，为信阳市国土面积最大的县。东与安徽省霍邱县相接，北与安徽省阜南县隔淮河相望，西北、西、西南分别与信阳市的淮滨、潢川、商城三县相连，南与安徽省金寨县以长江河分界，东南角邻安徽省六安市叶集实验区，此外西南方向地近湖北省麻城市，县境与麻城市境最短直线距离约 40 km。固始县距离安徽省合肥机场和安徽省阜阳西关机场都在 2 h 车程之内。沪陕高速在境内有固始站、固始东站两个出口和沪陕高速豫皖收费站一座省界收费站，省道 204、省道 216、省道 339 及各条县、乡道路纵横交错，交通运输十分发达。固始县区位图见图 1-1。

1.1.2　地形地貌

固始县处于大别山北麓山前倾斜平原与淮河冲积平原的接壤处，南枕大别山，北临淮河，地处江淮之间，地势大体由西南向东北呈倾斜状，平均坡降 1/1 200。县境由南至北依次为低山、丘陵、垄岗、平原、洼地，全县最高点曹家寨山海拔 1 025.6 m，位于东北部史灌河入淮处的建湾海拔仅 22.40 m，是全省最低点。因而总体地貌形态以淮河为界，淮北为冲积平原，地势平坦，海拔在 28~42 m，最低处县境东北角三河尖镇建湾村淮河滩地—“老鼠尾巴”海拔 22.40 m，也是固始城东—史河“七一大桥”河南省海拔最低点。固始县东北部至安徽省颍上县南照集一带为地表水及浅层地下水的排泄基准面，该处海拔仅为 22 m，淮南为剥蚀垄岗，地势呈波浪状，海拔 60~90 m；东部的四十里长山区则属剥蚀丘陵，海拔 50~419 m。固始县最高处南部“华阳大佛山”海拔 1 025.60 m，县境南部为山区，中南部、西部属丘陵垄岗地带，东部是平原及孤陵残丘，北部属浅丘和低洼易涝区。

固始县山地主要分布在县境南部边缘地区，属大别山脉，地形比较破碎，沟壑纵横，有大小山峰 40 多座，山峦叠嶂，坡度为 10°~40°，平均海拔在 100 m 以上，面积为 264 km^2（包括东部低山 12.50 km^2），占全县总面积的 9.0%。境内多属冲积平原和沿淮洼地，地势平坦，相对高差 3~5 m，面积为 1 591 km^2，占全县总面积的 54.1%，主要分布在淮河、史河、史灌河、灌河、泉河沿岸。境内丘陵多属孤陵残丘和倾斜平原，地势起伏绵延，呈波状分布，海拔 40~120 m，相对高差 20~70 m，面积 1 086 km^2，占全县总面积的 36.9%，主要

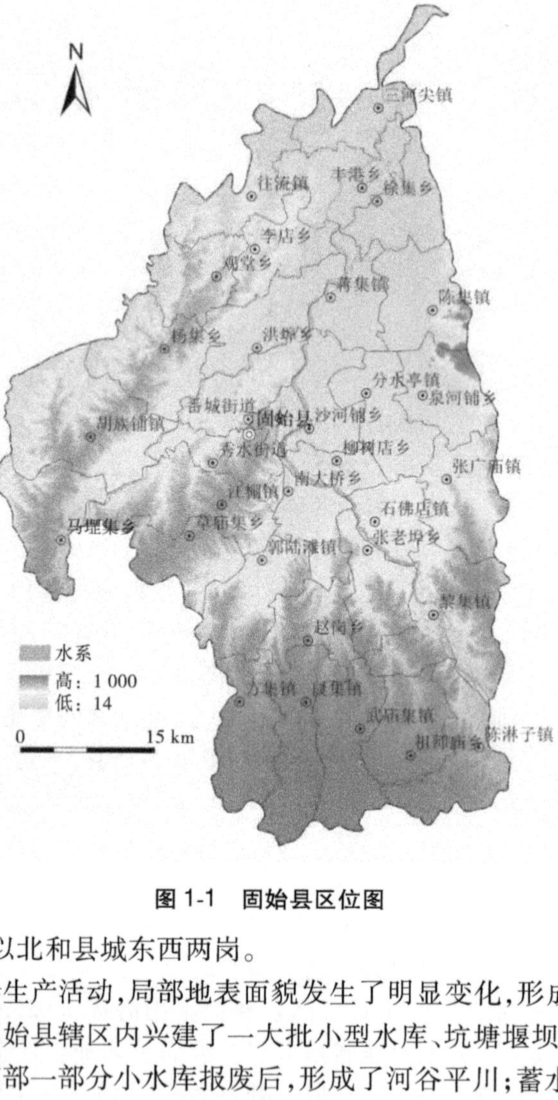

图 1-1 固始县区位图

分布在信叶高速公路以北和县城东西两岗。

近年来，由于社会生产活动，局部地表面貌发生了明显变化，形成了人工地貌。中华人民共和国成立后，固始县辖区内兴建了一大批小型水库、坑塘堰坝，这些工程蓄水后形成很多小型人工湖，南部一部分小水库报废后，形成了河谷平川；蓄水时形成较大的人工湖，泄水后即成滩涂。

1.1.3 气候特征

1.1.3.1 降水

据 1956~2015 年的 60 年降水资料统计，固始县多年平均降水量 1 079.10 mm，最大降水量为 2003 年的 1 626.20 mm，最小降水量为 1966 年的 609.30 mm。

降水量时空分布不均，是固始县地区的显著特征。每年的 12 月至翌年 2 月，气温低，湿度小，平均月降水量仅占全年降水总量的 9.8%，通常以降雪为主，范围较普遍；3~5 月冷暖气流交替出现，气温呈波状逐渐升高，降水量逐月递增，占全年降水量的 24.70%。

1.1.3.2 日照

根据统计资料分析，固始县多年平均日照时数为 2 139.20 h，年日照时数大于 2 000 h

的年份占 90%;2 200 h 以上的年份占 70%;2 400 h 以上的年份仅占 30%。夏季日照时数最高。最长年日照时数为 1965 年的 2 583.70 h,最短年日照时数为 1984 年的 1 838.30 h,两者相差 745.40 h。多年平均日照率为 52%,年最高达 58%,出现在 1962 年和 1965 年;年最低为 41%,出现在 1984 年。

固始县地处江淮之间,淮河南岸,属亚热带向暖温带过渡的季风湿润区,气候学上的 0 ℃等温线压境而过,是我国的南北气候过渡地带。四季分明,雨量充沛,冷暖适中,雨热同季,无霜期长。年平均气温为 15 ℃,春季、夏季、秋季、冬季平均气温分别为 14.90 ℃、24.60 ℃、16.10 ℃、5.60 ℃。

1.1.3.3　**蒸发**

固始县多年平均水面(E601 型)蒸发量为 726.8 mm。最大年蒸发量为 1965 年的 1 155.30 mm,最小为 1980 年的 490.50 mm。固始县最大月蒸发量一般出现在 6 月,约占全年蒸发总量的 15%;最小月蒸发量多出现在 1 月,占全年蒸发量的 3%左右。最大月蒸发量与最小月蒸发量之比一般为 3.00~6.50。

1.1.3.4　**气温**

固始县辖区气温有垂直变化、季节变化和昼夜变化,其中昼夜温差大和区域温差显著是固始县气温变化的特点。

1.垂直变化

固始县气温随海拔的增高而降低。据测定,温度垂直递减率一般冬季较小、夏季较大。北部海拔每升高 100 m,气温降低 0.54 ℃;南部海拔每升高 100 m,气温降低 0.45 ℃。在地区上,沿史河一级阶地为高值区,其余各山顶部均为低值区。

2.季节变化

固始县气温季节性变化比较明显。年平均气温为 15.00 ℃,春季、夏季、秋季、冬季平均气温分别为 14.90 ℃、24.60 ℃、16.10 ℃、5.60 ℃。7 月平均气温最高,一般在 35.40~36 ℃,极端最高气温曾达 43.20 ℃。

3.昼夜变化

固始县昼夜温差明显,年均昼夜温差达 10.6 ℃,其中 6 月最大,为 12.6 ℃;秋季接近 10 ℃。由于所处地理位置不同,各乡镇昼夜温差也各有差异。

1.1.3.5　**无霜期**

根据气候资料显示,年均相对湿度为 77%,无霜期 228 d,素有“江南北国,北国江南”之称。

1.1.4　河流水系

固始县河流众多,境内属淮河流域,境内淮河干流沿北边境流过,两大支流史河、灌河呈“人”字形贯穿县境南北,境内大小河流纵横交错,沟、塘、湖、堰星罗棋布,境内有大小水域 5 万多处,尤其以夏河湾水库和桃花坞水库闻名县内外。淮河干流流经固始县北部省界,自西向东流至三河尖入皖,境内长 59 km。一级支流有史河、白露河、泉河 3 条,共长 325 km;二级支流有灌河、石槽、急流涧、羊行、长江、春河等 10 余条;三级支流若干条。固始县河流水系见图 1-2。

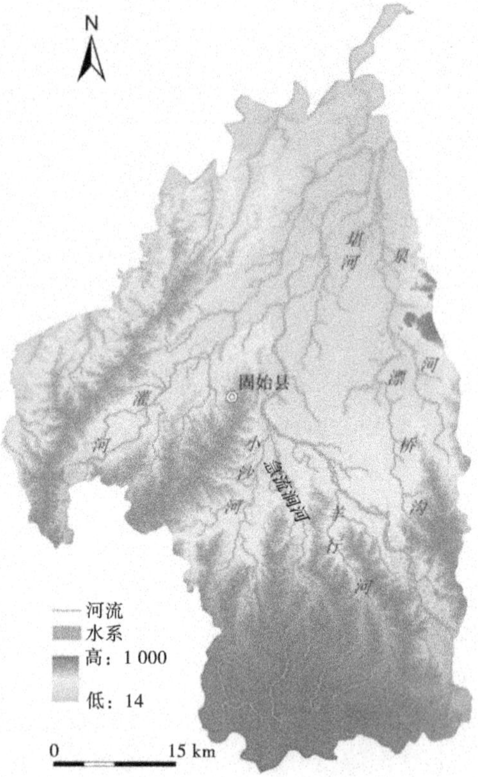

图 1-2　固始县河流水系

1.1.4.1　史灌河

史河为淮河一级支流，发源于安徽省金寨县吴家店牛山，流域地处淮河中上游。上游东连淠河西源，西接灌河，北临淮河，南为江淮分水的大别山；下游与支流灌河在固始县蒋集汇合，于三河尖注入淮河，全长 211 km。从源头到与灌河汇合处河道长 172 km，流域面积 5 930 km^2，流域涉及安徽省的金寨、霍邱和河南省的固始三县，其中在固始县境内长约 111 km，成为纵穿南北的主河道。

史河流域建成大型水库（安徽省梅山水库）1 座，总控制面积 1 970 km^2，占史河流域总面积的 40%，总库容为 23.37 亿 m^3。固始县境内建有梅山水电站 1 座，1958～1997 年，累计发电量为 40 亿 kW·h。流域内另有小型水库 42 座、大型灌区 1 处，即梅山灌区。除梅山灌区外，史河流域在固始县境内的中小型灌区还有亮山、独山、锁口、太平渠、白龙渠、夏河湾、石庙、关门山、溜山、石马、石门口等 11 处。在固始县史河二桥下游建有固始县自来水厂，史河成为固始县城关镇居民生产、生活用水的主要水源。

灌河为淮河二级支流，发源于商城县大别山北麓的黄柏山东峰尖北坡，至马鞍潭始称灌河，至固始县蒋集镇入史河，称史灌河。灌河流域南靠大别山的主脉，东邻史河，西界白鹭河。干流在商城县境居中南北贯穿，北流固始县境汇入史河。全长 164.8 km，流域面积 1 652 km^2。上游在商城县境，下游在固始县境。灌河自身有大小支流 90 余条，密布东西。

灌河流域地势南高北低。通过综合治理,灌河流域建有大型水库(鲇鱼山水库)1座,控制流域面积924 km^2;中型水库(铁佛寺)1座;小型一类水库2座;小型二类水库62座,合计大、中、小型水库66座,总控制流域面积944.1 km^2,占总流域面积的57.2%,总库容9.85亿 m^3。根据鲇鱼山水文站实测资料计算,灌河鲇鱼山水文站年均径流量为5.93亿 m^3,多年平均输沙量为16.4万t。灌河水系水力蕴藏量为4.1万kW,其中干流为1.68万kW。灌河上游兴建有堰北头拦河枢纽。

史灌河建有国家一级控制站蒋家集水文站。

1.1.4.2 白露河

白露河,淮河一级支流,古称淠水,又名白鹭河。发源于鄂豫交界的新县沙窝镇小界岭北麓,流经新县、光山、商城、潢川、固始与淮滨六县,在淮滨县谷堆乡吴寨符庄附近入淮河,全长141 km,流域面积2 233 km^2,位于东经115°04′~115°35′,北纬31°36′~32°25′。上游兴建有双轮河拦河枢纽,下游建有北庙集水文站。

20世纪60年代末至70年代中期,在白露河流域建成大石桥、兔子湖2座中型水库,共建小型一类水库21座,小型二类水库101座,各类塘堰坝50 000余处,总蓄水能力达到0.74亿 m^3,控制流域面积152.6 km^2,设计灌溉面积11 825.0 hm^2,水资源开发占26%。这些水利工程对蓄洪减灾和防汛抗旱起到了积极作用。

1.1.4.3 泉河

泉河,史灌河支流,《水经注》称阳泉水,以流经阳泉县故城而得名。其源有二:东源城涧河,出安徽省霍邱县姚岭,自万家坝入固始境;西源出河南省固始县黎集镇境内桃花村附近,即称泉河。二源汇于王堂,北流蚌山汇入史河。河流总长69 km。流域涉及固始、霍邱两县。

流域地处固始县东部冲积平原与丘岗交界的蝶状洼地处。地势自西北向东南倾斜,可划分孤陵残丘区、倾斜垄岗区、冲积平原区和洼地区四种地貌类型。

流域处于北亚热带向暖温带过渡的季风湿润区,年平均降水量为1 000~1 100 mm,降水量在一年内多集中在夏季,且年际变化大。

泉河名为河流,实为排水干沟,原河道极狭窄、弯曲,泄洪不畅,易发生洪涝灾害。沿途不少地段地下水以泉水涌出,有一定抗旱能力。

1.1.5 土壤植被

1.1.5.1 土壤

全县土壤分为四大类,水稻土分布在平原、丘陵及低山区地带,占总面积的70.44%;黄棕壤土主要分布在山区及丘陵、垄岗的中、上部,占总面积的18.22%;潮土主要分布在河流两侧平原地带,占总面积的10.02%;砂姜黑土主要分布在低洼区,占总面积的1.31%。土壤有机质含量在0.32%~3.04%。固始县气候温和、雨量充沛,适合多种作物和动物生长、生存,绿色食品“固始鸡”“固始笨蛋”和“嫩头青”萝卜已享誉四方。固始县土壤类型见图1-3。

1.1.5.2 植被

固始县地形复杂,地势南高北低,山区、丘陵、平原、湾畈皆有,光、热、水资源丰富,独

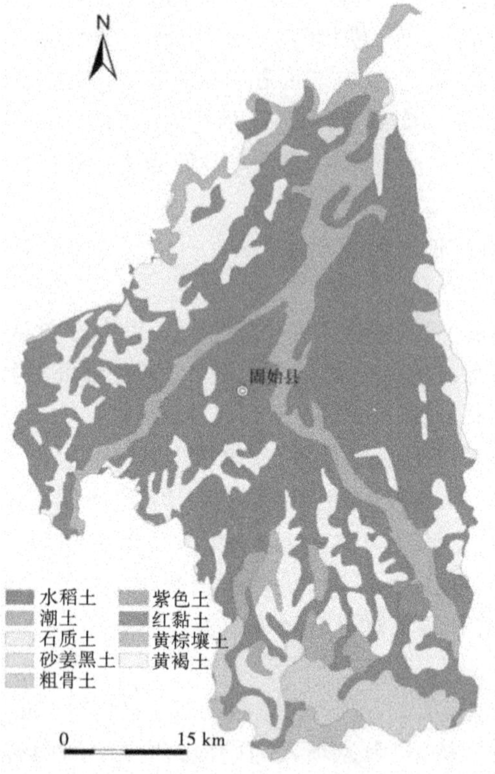

图 1-3 固始县土壤类型

特的区位优势和自然资源优势为发展林业提供了得天独厚的有利条件。近年来,特别是1998 年以来,固始县委、县政府高度重视林业生态建设,先后出台了一系列优惠政策,极大地调动了社会各界植绿、护绿、投资绿色产业的积极性。全县有林地面积猛增至 129 万亩(1 亩 = 1/15 hm^2,下同),活立木蓄积量达 373 万 m^3,森林覆盖率增加了近 20 个百分点,达到 27.10%。目前,全县森林资源持续增长,河渠路道沿线森林景观初步形成,城市和村镇绿化水平大幅度提高,人居环境得到极大改善,初步建立了覆盖全县的林业生态体系。全县基本形成了城市园林化、郊区森林化、乡村道路林荫化、农民庭院花果化的林业生态格局。1991 年被河南省政府命名为河南省平原绿化初级达标县,1993 年实现了基本消灭宜林荒山,2004 年被评为"国家级生态建设示范县",2005 年被河南省政府表彰为"全省平原绿化高级达标县",2006 年被河南省绿化委员会命名为"全省造林绿化模范县"。

1.2 经济社会概况

1.2.1 行政区划及人口

固始县属省辖直管县,总国土面积 2 941 km^2,下辖 15 个镇 15 个乡 3 个办事处,分别为:蓼城街道、番城街道、秀水街道、陈淋子镇、黎集镇、蒋集镇、往流镇、郭陆滩镇、胡族铺镇、方集镇、三河尖镇、段集镇、汪棚镇、张广庙镇、陈集镇、武庙集镇、分水亭镇、石佛店镇、洪埠乡、杨集乡、马堽集乡、草庙集乡、南大桥乡、赵岗乡、祖师庙乡、张老埠乡、泉河铺乡、沙河铺乡、徐集乡、李店乡、丰港乡、柳树店乡、观堂乡(见图 1-1)。

固始县是河南省第一人口大县,也是河南省首批五个重点扩权县(市)、十个省直管县(市)之一、五个规划建设的区域性中心城市之一。2015 年末全县共有 55.5 万户,户籍总人口 174.28 万人,常住人口 107.90 万人,出生人口 13 430 人,人口出生率为 12.54%,死亡人口 8 065 人,人口死亡率为 7.53%;净增人口 5 365 人,人口自然增长率 5.01%。全县城镇化率达到 35.49%,比上年提高 1.59 个百分点。固始县自古文风昌盛,历史文化积淀深厚,为"河南省十大文化强县"之一。

1.2.2　社会经济

2015 年,全县实现国内生产总值 255.9 亿元,比上年增长 9.1%。其中:第一产业完成增加值 76.7 亿元,比上年增长 4.3%;第二产业完成增加值 90.1 亿元,比上年增长 10.6%;第三产业完成增加值 89.0 亿元,比上年增长 12.1%;三次产业结构为 30.0 : 35.2 : 34.8。第二、三产业占 GDP 的比重为 70%,比上年提高 2.4 个百分点。第一、二、三产业对 GDP 增长的贡献率依次为 15.1%、44.0%、40.9%,分别拉动 GDP 增长 1.4 个百分点、4.0 个百分点和 3.7 个百分点。

1.2.3　工业生产

工业发展稳定增长。2015 年全县实现工业增加值 73.6 亿元,同比增长 10.4%,其中规模以上工业实现增加值 54.5 亿元,同比增长 14.4%,规模以上工业在全部工业中的比重提升到 74.1%,工业内部结构呈现积极变化。从月度走势看,2 月规模以上工业生产保持了 16.2%的较高增速,2 月以后,受市场需求收缩影响,工业生产明显下行;3 月规模以上工业增速为 15.1%,3 月以后增速则缓缓下行;4~12 月增速依次为 14.9%、14.8%、14. 8%、14.8%、14.5%、14.6%、14.5%、14.5%、14.4%,全年保持一个平稳的增长趋势。

1.2.4　农业生产

近年来,中央连年下发以农业为主题的"一号文件",在固始县委、县政府高度重视下,农村农田水利基础设施建设得到了加强与改进,使得农业生产,特别是种植业生产在一定程度下应对极端天气的能力增强。同时,把培育农业专业合作社作为促进现代农业发展,增加农民收入的重要抓手。全县粮食种植、畜牧业养殖专业大户、家庭农场迅速增加,形成以点带面、全面快速发展的格局。2015 年全县累计创建专业合作社 1 052 个,较 2014 年年底增加 120 个;累计创建家庭农场 251 个,较去年年底增加 92 个,粮食种植大户 3 779 个,畜牧业养殖大户 7 260 个,进一步促进了农业生产。

固始县 2001~2015 年主要经济社会指标统计见表 1-1。

表 1-1　固始县 2001～2015 年主要经济社会指标统计

年份	人口(万人)		生产总值(亿元)	工业增加值(亿元)	粮食产量(万 t)
	总人口	常住人口			
2001	154.11	—	44.23	2.64	56.09
2002	155.22	—	50.82	2.94	70.92
2003	156.04	—	56.16	3.20	59.92
2004	155.94	—	72.38	3.61	82.12
2005	156.61	—	83.92	4.93	88.54
2006	157.72	128.36	96.52	8.67	106.68
2007	158.75	128.42	112.42	12.46	111.69
2008	159.58	129.42	140.37	19.67	118.11
2009	160.41	131.49	152.50	26.26	120.07
2010	165.32	102.12	175.82	31.40	120.30
2011	171.79	102.20	198.68	35.60	120.42
2012	172.60	106.00	212.95	37.66	121.39
2013	173.41	106.52	236.22	47.86	121.41
2014	174.28	107.10	255.85	54.61	121.43
2015	175.10	107.91	272.73	60.94	121.58

注:表中产值均为当年价。

固始县各乡(镇)2015 年主要经济社会指标统计见表 1-2。

表 1-2　固始县各乡(镇)2015 年主要经济社会指标统计

乡(镇)	人口(万人)		国内生产总值(万元)				耕地面积(hm^2)
	总人口	其中:城镇人口	第一产业	第二产业	第三产业	总计	
蓼城街道	11.01	10.31	0.52	4.86	12.32	17.70	—
番城街道	3.64	3.70	5.47	3.45	0.89	9.81	—
秀水街道	3.05	0.75	0.75	0.48	0.12	1.35	—
三河尖镇	3.77	0.70	0.11	0.58	0.28	0.97	2 770
陈淋子镇	3.75	1.67	14.08	8.20	5.90	28.18	4 066
段集镇	2.47	1.20	2.34	1.36	0.98	4.68	2 747
黎集镇	4.44	1.79	2.66	3.48	5.00	11.14	8 518
往流镇	3.24	2.11	4.21	5.50	7.89	17.60	5 327
胡族铺镇	5.02	1.01	4.16	4.41	4.44	13.01	11 672
蒋集镇	2.85	2.20	1.00	1.31	1.88	4.19	4 200

续表 1-2

乡（镇）	人口（万人）		国内生产总值（万元）				耕地面积（hm^2）
	总人口	其中：城镇人口	第一产业	第二产业	第三产业	总计	
陈集镇	2.53	1.19	1.18	1.26	1.27	3.71	6 108
郭陆滩镇	3.38	1.12	2.64	2.80	2.82	8.26	5 287
方集镇	2.88	1.28	3.63	3.85	3.87	11.35	2 763
汪棚镇	3.07	0.45	4.56	3.83	2.55	10.94	8 712
沙河铺乡	3.39	0.35	2.21	1.85	1.24	5.30	4 382
南大桥乡	2.42	0.30	2.28	2.60	2.38	7.26	3 612
洪埠乡	3.47	0.40	3.13	2.63	1.75	7.51	5 333
武庙集镇	3.00	0.23	1.96	3.16	3.42	8.54	2 775
分水亭镇	5.39	0.30	1.91	2.18	2.00	6.09	5 561
马堽集乡	2.73	0.79	1.02	5.39	2.57	8.98	6 655
徐集乡	2.58	0.46	3.88	3.26	2.17	9.31	4 649
丰港乡	4.00	1.28	1.91	2.02	2.04	5.97	5 230
张广庙镇	2.40	0.48	3.98	3.34	2.23	9.55	6 344
石佛店镇	1.69	0.46	2.35	1.98	1.32	5.65	3 784
草庙集乡	2.09	0.90	1.82	2.01	1.07	4.90	4 642
泉河铺乡	2.27	0.30	3.24	1.52	2.22	6.98	4 921
祖师庙乡	2.09	0.27	1.32	1.50	1.38	4.20	3 759
赵岗乡	2.79	0.46	2.10	1.80	2.30	6.20	3 236
柳树店乡	3.72	0.39	2.14	1.80	1.20	5.14	2 324
张老埠乡	1.74	0.46	2.09	1.78	2.28	6.15	4 304
杨集乡	2.56	0.70	3.33	3.68	1.95	8.96	7 568
李店乡	2.66	0.18	2.19	1.98	2.01	6.18	4 851
观堂乡	1.82	0.31	2.18	2.49	2.29	6.96	5 223
合计	107.91	38.50	—	—	—	272.72	151 323

第 2 章　水资源调查评价

2.1　水资源分区

根据《全国水资源综合规划工作大纲》和《全国水资源综合规划技术细则》(简称《技术细则》)的要求,进行流域水资源四级分区划分,并依据 1999 年全国第二次土地调查成果,采用行政分区套水资源四级分区,进行分区划分和面积平差量算。

2.1.1　水资源分区原则

(1)能基本反映地表水资源条件的地区差别。

(2)尽可能保持流域水系的完整性,大河进行分段,自然地理相同的小河适当合并。

(3)方便进行地表水资源量计算和供需平衡分析。

2.1.2　流域水资源分区

在全国统一分区的基础上,一级区为淮河流域,二级区为淮河中游区、淮河上游区,三级区为王蚌区间南岸、王家坝以上南岸。

在全国三级分区基础上,结合固始县河川径流特点、水文地质条件和水资源开发利用情况,对固始县进行四级流域分区划分:四级区为灌河区、泉河区、史河区、淮干区、白露河区,详见表 2-1、图 2-1。

表 2-1　固始县流域水资源分区面积　　(单位:km^2)

一级区	二级区	三级区	四级区	面积		其中地貌分类面积		
				分区面积	合计	山区	岗地	平原
淮河流域	淮河中游区	王蚌区间南岸(史灌河)	泉河区	595	2 574	0	0	595
			灌河区	371		264	107	
			史河区	1 608		0	830	778
	淮河上游区	王家坝以上南岸	淮干区	92	367			92
			白露河区	275			148	127
固始县				2 941		264	1 085	1 592

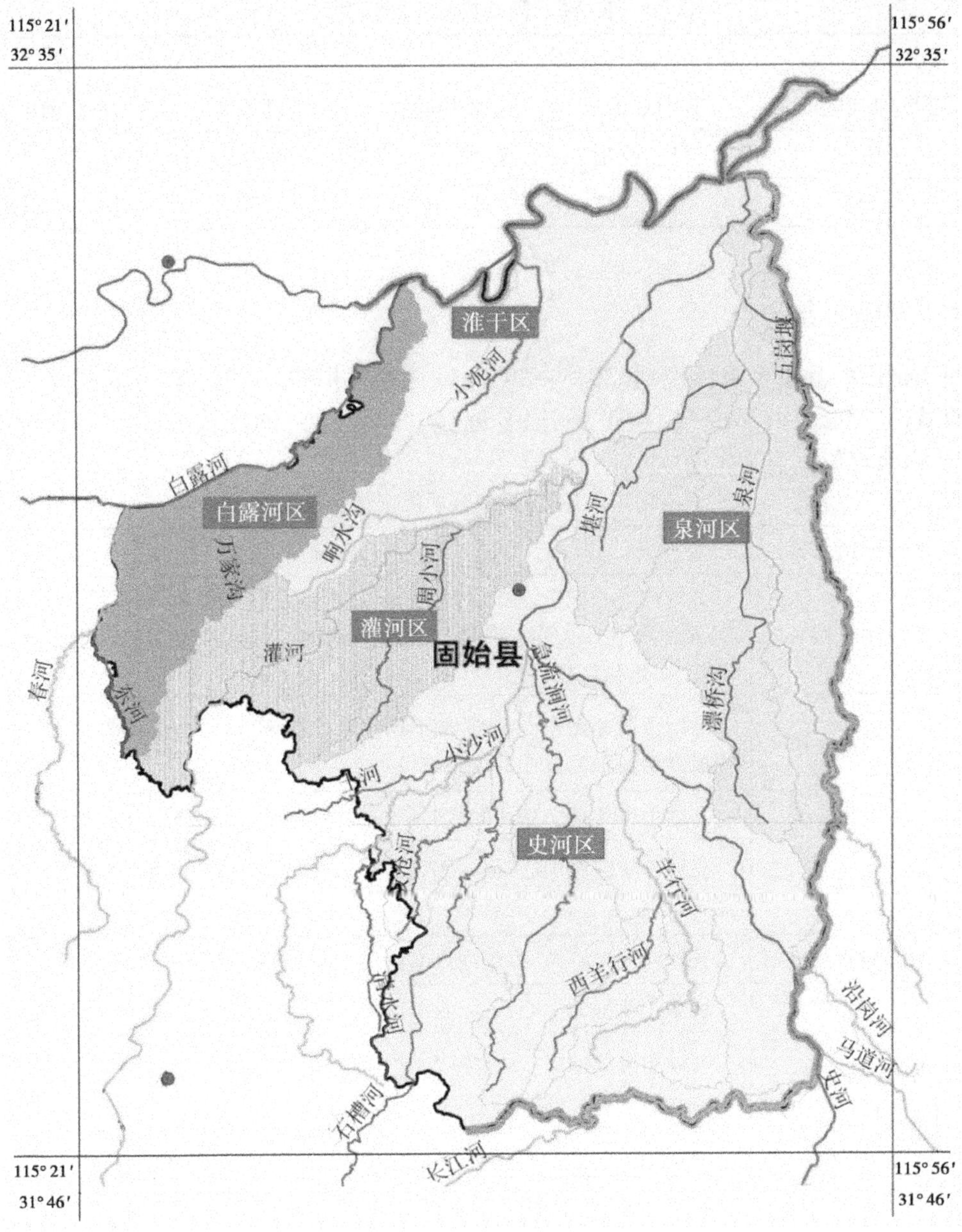

图 2-1　固始县四级流域分区

2.1.3　行政套流域分区

固始县往流镇跨淮干和史河两个四级区，蒋集镇跨史河和泉河两个四级区。淮干区两个乡（镇）分别为三河尖镇和往流镇。泉河区八个乡（镇）分别是蒋集镇、沙河铺乡、分水亭镇、陈集镇、丰港乡、张广庙镇、石佛店镇、泉河铺乡。灌河区四个乡（镇）分别是胡族铺镇、汪棚镇、洪埠乡、草庙集乡；其他乡（镇）均在史河区，行政分区套流域分区面积见表 2-2。

表 2-2　固始县分区面积表

行政区	王蚌区间南岸					王家坝以上南岸		
	泉河区	灌河区		史河区		淮干区	白露河区	
	平原	山地	岗地	岗地	平原	平原	岗地	平原
固始县	595	264	107	830	778	92	148	127

2.1.4　城镇等级分区

根据《固始县城乡总体规划(2015—2030)》,固始县构建"一主三副五心多点、两轴五区"的城镇空间结构,形成"以城带乡、以乡促城、城乡互溶"的现代城镇空间结构体系。固始县职能定位见表 2-3。

表 2-3　固始县职能定位

等级	城镇名称	职能定位
中心城区	中心城区	区域性中心城市,东产西出桥头堡,产业转移承接地,华夏历史文明传承创新区,文化旅游服务基地、装备制造基地、农产品加工基地,全县的政治、经济、文化和科教中心
副中心	陈淋子镇	县城东南部副中心,依托史河湾综合改革试验区,建成以竹木加工为主,积极发展轻工商贸业的边贸重镇
	三河尖镇	县城北部副中心,依托固始港,建成以港口物流、柳编制品为主的边贸城镇
	段集镇	县城西南部副中心,依托固始火车站,建成以物流、商贸、建材集农副产品加工业、旅游业为主的城镇
中心镇	胡族铺镇	县城西部中心镇,以农副产品深加工、商贸为主的综合性城镇
	蒋集镇	县城东北部的中心镇,以农副产品加工、集散贸易为主的商贸城镇
	黎集镇	县城东南部的中心镇,集农副产品深加工、商贸、旅游于一体的综合型城镇
	往流镇	县城西北部中心镇,以副农产品加工、商贸为主的城镇
	陈集镇	县城东部门户重镇,以农副产品深加工和旅游商贸为主的边贸重镇
一般乡(镇)	汪棚镇(办)	西南门户城镇,融合商贸服务和休闲宜居生活为一体的生态城镇
	洪埠乡(办)	中心城区北部城市组团,以商贸为主的滨河生态宜居城镇
	沙河铺乡(办)	蓼东组团的组成部分,以现代商贸为主的生态宜居组团
	柳树店乡(办)	蓼东组团的组成部分,以商贸和物流服务业为主
	南大桥乡(办)	史河沿岸以观光旅游和商贸为主的生态城镇
	方集镇	以农林产品深加工和商贸为主的山区生态旅游城镇

续表 2-3

等级	城镇名称	职能定位
一般乡(镇)	分水亭镇	以商贸仓储、寻根旅游为主导的生态宜居城镇
	郭陆滩镇	以新型材料加工和商贸为主的生态园林城镇
	石佛店镇	以农副产品加工和物流运输业为主的城镇
	武庙集镇	以商贸服务和休闲观光旅游为主的生态宜居城镇
	张广庙镇	以发展商贸业为主的边贸重镇
	泉河铺乡	以商贸和农产品加工为主的沿边城镇
	祖师庙镇	以农产品加工、物流运输和生态旅游为主的特色山区城镇
	马堽集乡	以农副产品加工业、集散商贸为主的城镇
	草庙集乡	以商贸为主的边贸城镇
	张老埠乡	以集市贸易和农产品加工业为主的小城镇
	丰港乡	以农副产品加工和商贸业为主的小城镇
	观堂乡	以农副产品生产及加工为主导的生态城镇
	李店乡	以农副产品加工和商贸为主的特色小城镇
	徐集乡	以农副产品加工和商贸为主的省际门户和沿边重镇
	杨集乡	沿边商贸重镇及生态宜居城镇
	赵岗乡	以农产品加工和商贸为主的小城镇

“一主”:由县城与蓼东组团、洪埠组团和江棚组团组成,形成集行政管理、商业金融、教育科技、文体娱乐、医疗卫生、社会保障等为一体的综合服务核心。

“三副”:依托固始港和柳编产业园,形成以三河尖镇为主体的县城北部副中心;依托史河湾综合改革试验区,形成以陈淋子镇为主体的东南部副中心;依托固始火车站和规划的商贸物流园区,形成以段集镇为主体的西南部副中心。

“五心”:黎集镇、蒋集镇、胡族铺镇、陈集镇和往流镇等 5 个中心镇形成全县主要的经济支撑点,对周边城乡居民点具有一定的辐射和带动作用。

“多点”:一般乡(镇),是固始县推进城乡一体化的切入点,是城乡统筹发展的结合点。

2.1.5　水文地质分区

根据水文地质条件和地貌类型,将固始县划分为三大区 6 个亚区,其中平原区为 3 个、垄岗区 1 个、山丘区 2 个,具体见表 2-4。

表 2-4　固始县水文地质分区

大区	亚区	面积（km^2）	位置	分区特征
平原区				
Ⅰ	I_1	2 675.2	淮河及其支干流的河谷平原区	河谷冲积平原，地形低凹，地面平坦，含水层为冲积相沉积物，包气带岩性以亚砂土为主，地下水深埋 2~3 m，主要为大气降水入渗补给，其次为地下水径流补给，以河流排泄为主，蒸发排泄次之
	I_{2-1}	383.8	固始县桥沟—三保店等地段	冲积缓倾斜平原，地形较为平坦，各个区段均表现为南西高、北东低，呈缓倾斜状，含水冲积—冲击物，包气带岩性为亚黏土，地下水埋深以 2~4 m 为主，局部 1~2 m，主要为大气降水补给，蒸发排泄为主，地下径流排泄次之
	I_{2-2}	433.4	分水—张广、陈集—文塔集、代店子、重心集地	冲积缓倾斜平原，地形平坦，四十里长山东侧及南侧 3 个区段呈洼地状，含水层为冲积及冲洪积物，包气带岩性为亚黏土、地下水埋深主要为 2~4 m 或 4~6 m，大气降水入渗补给为主，径流补给次之，河流排泄，蒸发排泄次之
垄岗区				
Ⅱ	Ⅱ	1 591.6	牛岗、张庄—白宿店、黄岗—胡族铺—往流、汪棚—石庙集等地	剥蚀垄岗，岗顶平坦，两侧为东缓西陡，含水层为冲洪积相沉积物，地下水埋深主要为 4~6 m，汪棚、石庙集两处为大于 6 m，部分地段为 2~4 m 或 1~2 m，大气降水入渗补给，径流排泄为主，蒸发排泄次之
山丘区				
Ⅲ	$Ⅲ_1$	204.4	冯井子—龙潭一带	剥蚀丘陵，地形起伏不平，含水层为残坡积相沉积物，地下水埋深大于 6 m，大气降水入渗补给，以地下径流排泄
	$Ⅲ_2$	36.0	白马庙—马店及白大山等基岩裸露区	剥蚀丘陵区，主要位于孤立的山顶及山脊部位，高差悬殊，含水层为裸露型碳酸盐岩岩溶水或基岩风化裂隙水，大气降水入渗补给地下径流排泄

2.2　水资源数量

2.2.1　降水与蒸发

2.2.1.1　降水与蒸发资料

选择观测资料可靠、系列完整、面上分布均匀且能反映地形变化影响的雨量站作为分析的依据站。在降水量变化梯度较大的山区尽可能多选一些站点，降水量变化梯度较小的平原区着重考虑站点的均匀分布。对于第一次全国评价、1999 年固始县调查评价选用的雨量站,本次尽量选用。

按照《河南省水资源调查评价细则》的要求,本次评价参考第一次、第二次河南省水资源评价及 1999 年《信阳市地表水资源评价》中雨量代表站选用情况,固始县共选用雨量站 12 个,平均站网密度 245.1 km²/站。其中,实测资料最长的系列年数为 62 年,最短的年数为 60 年。

评价采用 1956~2015 年(60 年)系列资料,对个别站实测资料缺测的进行了插补。插补资料,一般采用直接移用邻站资料法、月年降水量相关法和相邻数站均值移用法。插补时考虑了参证站气象、下垫面条件与插补站的一致性。固始县各流域降水、蒸发评价选用站情况见表 2-5。

表 2-5　固始县各流域降水、蒸发选用站统计

雨量站名称	武庙集	郭陆滩	固始	胡族	黎集	蒋家集	北庙集	方集	宋集	桥沟	三河尖	杨集
蒸发站名称	蒋家集、鲇鱼山											

2.2.1.2　降水量成果

1956~2015 年固始县平均年降水量 1 079.10 mm,降水总量 31.74 亿 m³。1956~2015 年,$P=20\%$、$P=50\%$、$P=75\%$和 $P=90\%$,固始县降水量分别为 1 231.1 mm、1 010.7 mm、839.6 mm、601.6mm(见表 2-6)。

表 2-6　固始县不同系列年降水量比较情况

系列	均值(mm)	不同频率年降水量				均值(与1956~2000 年比较)100%	不同频率年降水量(与1956~2000 年比较)100%			
		20%	50%	75%	95%		20%	50%	75%	95%
1956~2015 年	1 079.1	1 231.1	1 010.7	839.6	601.6	6.68	0.58	0.39	0.24	0
1956~2000 年	1 011.5	1 224	1 006.8	837.6	601.6					
1980~2015 年	1 028.2	1 250.3	1 017.3	841.7	605.9	1.65	2.15	1.04	0.49	0.71

其中,泉河区平均年降水量 1 011.40 mm,降水总量 6.18 亿 m³,灌河区平均年降水量 1 022.70 mm,降水总量 3.79 亿 m³,史河区平均年降水量 1 067.70 mm,降水总量 17.17 亿 m³,淮干区平均年降水量 961.10 mm,降水总量 0.88 亿 m³,白露河区平均年降水量 1 017.30 mm,降水总量 2.79 亿 m³。

2.2.1.3　降水量分布

降水量的大小与水汽的来源、输入量、天气系统的活动情况、地形及地理位置等因素有关,其中地形对降水影响程度最大。固始县降水量的地区分布差异,主要由于地形的差异所致。固始县降水的总体特点是:降水量自南部向北部递减,多年平均降水量为 1 079.10 mm。各站点多年平均降水量变幅多在 550~1 650 mm。其中武庙集 1 279.60 mm、郭陆滩

1 062.60 mm、中心城区 1 021.90 mm、胡族铺 1 030.90 mm、黎集 1 142.80 mm、蒋家集 1 010.70 mm、方集 1 175.60 mm、宋集 1 034.20 mm、桥沟 952.60 mm、三河尖 955.10 mm、杨集 946.80 mm。各地分布不均，以固始县城南大桥为界，南部年均降水量大于 1 050 mm，代表站为武庙集、郭陆滩、黎集、方集、宋集、胡族等，北部年均降水量在 900～1 350 mm，代表站主要有固始、蒋家集、北庙集、桥沟、三河尖、杨集等。

2.2.1.4　降水量年内分配

降水量年内分配特点与水汽输送的季节变化有密切关系。其特点表现为汛期集中，季节分配不均匀，最大月、最小月悬殊等。1956～2015 年固始县多年平均降水量见表 2-7。

表 2-7　1956～2015 年固始县多年平均降水量　（单位：mm）

雨量站名称	月降水量												年降水量	6～9 月降水量
	1	2	3	4	5	6	7	8	9	10	11	12		
武庙集	40.6	54.1	90.0	107.4	126.4	172.3	240.7	191.2	113.1	76.4	66.4	33.6	1 312.2	717.3
郭陆滩	35.6	47.0	73.5	87.5	109.0	154.6	218.8	134.1	87.2	62.0	53.8	26.7	1 089.8	594.7
固始	32.2	44.8	70.5	82.6	101.0	150.0	209.1	132.7	83.3	61.9	52.2	27.7	1 048.0	575.1
胡族	31.8	44.7	67.8	76.9	101.8	152.8	219.6	133.6	86.6	64.0	52.1	25.6	1 057.2	592.6
黎集	38.6	54.0	81.7	99.6	117.4	156.5	225.3	148.4	94.2	67.5	58.1	30.8	1 172.1	624.4
蒋家集	31.5	44.1	69.3	77.7	97.3	157.2	210.1	128.9	87.0	58.8	48.9	25.8	1 036.6	583.2
北庙集	30.8	44.9	68.6	81.0	105.8	151.6	205.0	136.0	78.6	59.9	49.6	25.8	1 037.6	571.2
方集	40.2	54.9	82.7	99.9	114.0	156.0	229.4	155.9	103.1	73.9	63.2	32.4	1 205.6	644.4
宋集	30.0	50.1	66.8	83.1	99.5	155.3	225.6	156.9	71.7	43.7	47.3	30.6	1 060.6	609.5
桥沟	29.0	44.6	58.4	74.7	85.7	137.7	207.2	122.4	57.5	36.3	41.7	25.1	920.3	524.8
三河尖	25.2	34.6	55.1	61.0	97.6	167.0	223.5	127.1	73.3	51.0	40.6	23.2	979.2	590.9
杨集	31.1	47.4	56.2	76.1	86.8	158.1	248.9	153.4	57.4	41.5	43.5	28.6	1 029.0	617.8
平均值	33.1	47.1	70.1	84.0	103.5	155.8	221.9	143.4	82.7	58.1	51.4	28.0	1 079.1	603.8

汛期(6～9 月)降水集中，多年平均汛期降水量为 603.8 mm，汛期 4 个月降水占全年的 60%，降水集中程度自北向南递增。

夏季降水最多，多年平均降水量为 521.1 mm，占全年降水量的 48.3%。春季降水量为 257.6 mm，占年降水量的 23.9%。秋季降水量为 192.3 mm，占年降水量的 17.8%。冬季降水最少，为 108.2 mm，占年降水量的 10.0%。

年内各月份之间降水量差异更大，降水最大月与最小月悬殊。多年平均降水量以 7 月最多，降水量在 221.9 mm，自北向南降水量逐渐增大。最小月降水多出现在 1 月或 12 月，多年平均降水量一般为 23～34 mm，以降雨量最大站点武庙集为例，1955～2015 年 61 年间，同站最大年降雨量是最小年降雨量的 2.95 倍(2003 年 1 978.4 mm，1978 年 671.1 mm)。固始县代表站多年平均降水量年内分配见表 2-8。

各种不同频率典型年降水量的年内分配，总的趋势类似于多年平均情况。由于典型年的选样是选取年内分配最不利的年份，所以其分配的不均匀性比多年平均值大。不同频率典型年降水量年内分配的另一特点是，年内分配的不均匀程度与频率大小成反向变化，即频率越小分配越不均匀，其原因是丰水年与枯水年主要取决于汛期雨量的多少。

表 2-8　固始县代表站多年平均降水量年内分配

雨量站	行政分区	年降水量（mm）	汛期(6~9 月) 降水量（mm）	汛期(6~9 月) 占年降水量比例（%）	3~5 月 降水量（mm）	3~5 月 占年降水量比例（%）	6~8 月 降水量（mm）	6~8 月 占年降水量比例（%）	9~11 月 降水量（mm）	9~11 月 占年降水量比例（%）	12 月至翌年 2 月 降水量（mm）	12 月至翌年 2 月 占年降水量比例（%）	最大月 降水量（mm）	最大月 占年降水量比例（%）	最小月 降水量（mm）	最小月 占年降水量比例（%）	最大月与最小月之比
武庙集	武庙集乡	1 312.2	717.3	54.7	323.9	24.7	504.1	46.0	255.9	19.5	128.4	9.8	240.7	18.3	33.6	2.6	7.2
郭陆滩	郭陆滩乡	1 089.8	594.7	54.6	270.1	24.8	507.4	46.6	203.0	18.6	109.2	10.0	218.8	20.1	26.7	2.5	8.2
固始	城关镇	1 048	575.1	54.9	254.1	24.2	491.8	46.9	197.4	18.8	104.7	10.0	209.1	19.9	27.7	2.6	7.5
胡族	胡族铺乡	1 057.2	592.6	56.0	246.5	23.3	506.0	47.9	202.6	19.2	102.1	9.7	219.6	20.8	25.6	2.4	8.6
黎集	黎集镇	1 172.1	624.4	53.3	298.7	25.5	530.2	45.2	219.8	18.8	123.4	10.5	225.3	19.2	30.8	2.6	7.3
蒋家集	蒋集镇	1 036.6	583.2	56.3	244.3	23.6	496.3	47.9	194.6	18.8	101.4	9.8	210.1	20.3	25.8	2.5	8.1
北庙集	北庙集乡	1 037.6	571.2	55.1	255.3	24.6	492.6	47.5	188.1	18.1	101.5	9.8	205.0	19.8	25.8	2.5	7.9
方集	方集乡	1 205.6	644.4	53.4	296.6	24.6	541.3	44.9	240.2	19.9	127.5	10.6	229.4	19.0	32.4	2.7	7.1
宋集	宋集乡	1 060.6	609.5	57.5	249.5	23.5	537.8	50.7	162.7	15.3	110.7	10.4	225.6	21.3	30.6	2.9	7.4
桥沟	桥沟乡	920.3	524.8	57.0	218.9	23.8	467.3	50.8	135.6	14.7	98.7	10.7	207.2	22.5	25.1	2.7	8.3
三河尖	三河尖镇	979.2	590.9	60.3	213.8	21.8	517.6	52.8	165.0	16.8	83.1	8.5	223.5	22.8	23.2	2.4	9.6
杨集	杨集乡	1 029.0	617.8	60.0	219.1	21.3	560.5	54.5	142.4	13.8	107.1	10.4	248.9	24.2	28.6	2.8	8.7
平均值		1 079.1	603.8	56.0	257.6	23.9	521.1	48.3	192.3	17.8	108.2	10.0	221.9	20.6	28.0	2.6	7.9

2.2.1.5 降水量年际变化

季风气候的不稳定性和天气系统的多变性，造成年际之间降水量差别很大。固始县年际变化较为剧烈，具有最大年降水量与最小年降水量悬殊和年际间丰枯变化频繁等特点。

最大年降水量与最小年降水量的差值（极值差），从绝对量上反映降水的年际变化。代表雨量站的极差值为368.2～1 318.4 mm，极值差最大的站为固始站，1954年降水量为1 820 mm，1966年降水量为501.6 mm，相差1 318.4 mm。固始县主要代表站年降水量极值比及极差情况见表2-9。

表2-9 固始县雨量站1956～2015年系列年降水量特征值、极值比与极差

雨量站	最大年		最小年		极值比	极差(mm)
	降水量(mm)	出现年份	降水量(mm)	出现年份		
武庙集	1 978.4	2003	671.1	1978	2.95	1 307.3
郭陆滩	1 653.3	2003	604.9	1976	2.73	1 048.4
固始	1 820.0	1954	501.6	1966	3.63	1 318.4
胡族	1 489.1	2003	582.4	1976	2.56	906.7
黎集	1 777.3	2003	637.8	1976	2.79	1 139.5
蒋家集	1 784.2	1954	530.4	1966	3.36	1 253.8
北庙集	1 692.2	1954	532.3	1966	3.18	1 159.9
方集	1 701.1	2003	622	1966	2.73	1 079.1
宋集	972.2	2003	604	2001	1.61	368.2
桥沟	1 131.9	2003	486.6	2001	2.33	645.3
三河尖	1 630.7	1997	457.8	1959	3.56	1 172.9
杨集	1 700.4	2003	610.7	2013	2.78	1 089.7

年降水量变差系数 C_v 值的大小反映出降水量的多年变化规律，C_v 值越小，降水量年际变化越小；C_v 值越大，降水量年际变化越大。固始县年降水量变差系数 C_v 一般为0.20～0.23。黎集—固始县干流区间 C_v 值为0.20左右，该区降水量不是很丰沛，但是较为稳定；灌河区 C_v 值为0.20左右，该区降水不仅丰沛，而且较为稳定；固始县—淮干干流区间 C_v 值为0.23左右，为固始县最高，年际变化较大。由于固始县1956～2015年降水量变差系数 C_v 差值较小，所以没有画出固始县等值线分布图。

2.2.1.6 水面蒸发量分布

蒸发是水循环中的重要环节之一，它的大小用蒸发能力来表示。蒸发能力是指充分供水条件下的陆面蒸发量，一般通过水面蒸发量的观测来确定。尽量选取资料质量较好、面上分布均匀、蒸发皿型号一致的站点。同一站不同年份使用不同型号蒸发皿时，要统一换算为E-601型，采用逐年、逐月换算，然后分析计算1956～2015年系列的均值和其他统

计参数。本次评价固始县共选用蒋家集(固始境内)、鲇鱼山(商城境内)蒸发代表站2个,均为E-601型观测站。

水面蒸发量地区分布的总趋势与水汽饱和差、相对湿度等气象因素分布相一致,呈现自南往北、自西向东递增的规律,即较干旱的中部平原水面蒸发量,大于较湿润的丘陵与山区的水面蒸发量。

2.2.1.7　**水面蒸发量年内分配**

年内水面蒸发量受气象因素年内变化的影响,在不同的纬度、不同地形条件下的水面蒸发年内分配也不一致。一般是山区变化小,平原变化大。

水面蒸发量受湿度和温度变化影响,年内最大水面蒸发量主要发生在5~8月,少数站集中在4~7月。最大连续4个月的水面蒸发量一般占年总量的50%左右,在地区分布上比较稳定。固始县1956~2015年多年平均水面蒸发量月分配见图2-2。

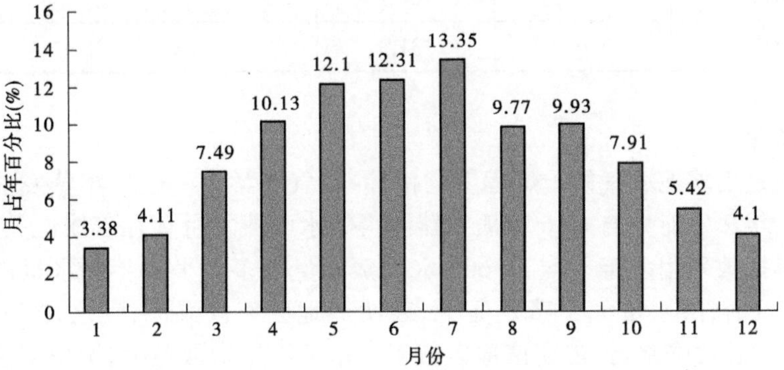

图2-2　固始县1956~2015年多年平均水面蒸发量月分配

固始县多年平均水面蒸发量752.1 mm,全县最大月平均蒸发量100.4 mm,出现在7月,最大月蒸发量与年总量的百分比为13.35%。最小月平均蒸发量25.4 mm,出现在1月,占年蒸发量的3.38%。最大月平均蒸发量与最小月平均蒸发量的比值为3.95。

夏季蒸发量最大,占年总量的37.75%左右;春季占21.73%;秋季占27.62%;冬季最小,占12.90%。固始县水面蒸发季节分配见图2-3。

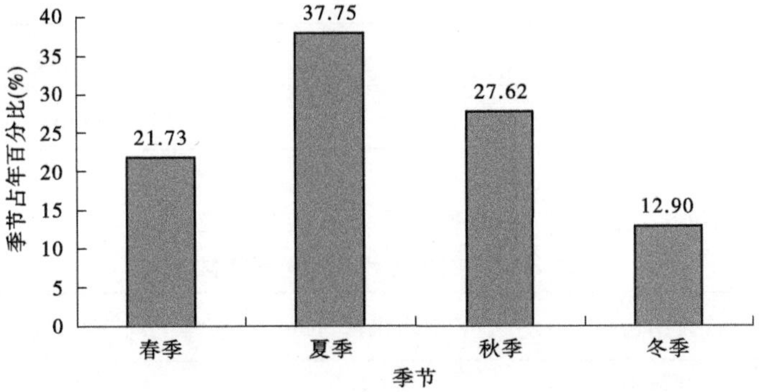

图2-3　固始县1956~2015年各季节占全年蒸发量百分比

2.2.1.8　水面蒸发量年际变化

水面蒸发量的大小,主要受温度、湿度、风速及太阳辐射等因素影响。为了消除不同型号蒸发器折算系数的影响,选择同一口径蒸发器观测资料进行分析。

选取史河水系灌河鲇鱼山站、史河蒋家集站具有长系列(资料最长系列为 49 年)和相同型号 Φ80 蒸发皿的水面蒸发观测资料,对 1956~2000 年与 2001~2015 年两个系列进行对比分析。由表 2-10 可以看出,鲇鱼山站 2001~2015 年水面蒸发量比 1956~2000 年偏大 7.30%,蒋家集站 2001~2015 年水面蒸发量比 1956~2000 年偏小 2.63%。

表 2-10　代表站水面蒸发量长、短系列均值比较　　(单位:mm)

站名	系列年份			1956~2015 年比 1956~2000 年偏大比例(%)	2001~2015 年比 1956~2000 年偏大比例(%)
	2001~2015 年	1956~2015 年	1956~2000 年		
鲇鱼山	819.9	777.2	764.1	1.71	7.30
蒋家集	712.1	726.8	731.3	−0.62	−2.63

2.2.1.9　干旱指数

干旱指数是反映地域气候干燥程度的指标,在气候学上一般以年蒸发能力与年降水量之比表示。年蒸发能力与 E-601 蒸发器测得的水面蒸发量存在着线性关系,所以本次多年平均干旱指数采用多年平均 E-601 水面蒸发量与多年平均年降水量的比值。当干旱指数小于 1.0 时,降水量大于蒸发能力,表明该地区气候湿润;反之,当干旱指数大于 1.0时,蒸发能力超过降水量,表明该地区偏于干旱。干旱指数愈大,干旱程度愈严重。根据干旱指数的大小,可进行气候的干湿分带,其划分标准见表 2-11。

表 2-11　气候分带划分等级

气候分带	干旱指数
十分湿润	<0.5
湿润	0.5~1.0
半湿润	1.0~3.0
半干旱	3.0~7.0
干旱	>7.0

固始县代表站 1966~2015 年多年平均干旱指数见表 2-12。

表 2-12　固始县代表站干旱指数

序号	河流	代表站名称	多年平均降水量(mm)	多年平均蒸发量(mm)	干旱指数
1	灌河	鲇鱼山	1 192.4	777.2	0.65
2	史河	蒋家集	1 008.9	726.8	0.72

固始县干旱指数介于 0.5~1.0,属于湿润区分布区。其中,干旱指数最大蒋家集站为 0.72,最小鲇鱼山站为 0.65。

2.2.2　地表水资源量

2.2.2.1　地表水资源量计算方法

固始县各流域水资源四级分区套县(市)级行政区的地表水资源量采用面积比缩放和降水量加权的面积比缩放方法计算,各水资源三级分区的地表水资源量采用各水系主要控制站或主要代表站年径流量成果为依据进行缩放。然后由各行政区内的代表站(或区间)年径流量成果缩放各行政区(四级分区套行政区计算单元)的地表水资源量,再与水资源三级分区的地表水资源计算成果比较,并进行水量加权的修正以保证二者吻合。

水资源三级分区地表水资源量计算公式分别采用:

(1)当控制站或代表站的面积与计算分区面积比较接近时(　般小于 15%),直接采用面积比缩放计算。

(2)当控制站或代表站的面积与计算分区面积差别较大时(一般大于 15%),或者当计算分区内无计算代表站时,采用水文比拟方法计算(借用临近地区的计算成果),则采用降水量加权的面积比缩放。

2.2.2.2　分区计算代表站选用

水资源四级分区地表水资源量计算代表站选用情况如下:

(1)史河干流蒋家集站以上。史河干流左岸商城县境内选用蒋鲇区间系列径流量成果,采用降水量修正后采用加权的面积比缩放。

(2)灌河干流商城县入史河口以上。灌河区选用鲇鱼山站系列径流量成果,采用面积比缩放。

(3)白露河区。白露河区选用北庙集站还原后系列径流量成果,采用降水量加权的面积比缩放。

2.2.2.3　计算天然径流量

1.代表站概况

河川径流还原计算要求选择区域控制条件好,实测系列长,资料完整齐全,能反映区域产汇流条件的水文站作为分析计算代表站。采用分析计算资料有河道实测的基本水文资料、水利工程调控水量(蓄水、引水、分洪)、区域引用耗水量等有关资料。

本次水资源调查评价技术细则要求,河川径流还原计算系列为 1956~2015 年。为了资料系列和成果的延续一致,本次在选择径流计算代表站时充分考虑全国第一次评价和第二次评价的固始县选站情况,尽可能保持与第一次评价、第二次评价的一致性。根据河川径流还原计算成果的精度分析,结合淮河水系水文站网布设情况,本次水资源调查评价共选用固始县蒋家集站(史河代表站),增补淮滨县北庙集站(白露河代表站)、商城县鲇鱼山站 3 个径流计算代表站,作为分区地表水资源量评价的参考依据。计算代表站总控制面积约 4 983 km^2。集水面积均在 300~5 000 km^2(见表 2-13)。

表 2-13　径流选用代表站情况统计

站名	选用代表站资料情况			说明
	径流资料系列	降水资料系列	资料精度	
蒋家集	1956~2015 年	1956~2015 年	可靠	
鲇鱼山	1956~2015 年	1956~2015 年	可靠	
北庙集	1997~2015 年	1956~2015 年	可靠	1956~1996 年利用白雀园资料还原
白雀园	1956~1996 年	1956~2015 年	可靠	

2.资料情况

所选代表站设立较早,实测径流资料系列均不小于 30 年,实测径流资料为历年水文年鉴刊印成果。少数计算代表站的个别年份实测资料存在严重问题或者缺测情况,对于此类代表站的资料,在第一次水资源评价和第二次水资源评价时已经采用了上下游相关法、降水—径流关系法和流域水文模型法进行了系列插补延长。而且将插补延长成果进行了多种途径的合理性分析,并经过流域汇总协调,故本次直接引用。

代表站径流量还原计算涉及水文站控制区内,与河川径流有关的工程调控水量和用、耗、退水量,所以径流量还原计算需要进行大量的流域情况调查和资料收集工作。

调查收集的成果资料包括:水文年鉴及水文数据库、信阳市水利统计年报、信阳市统计年鉴、信阳市城市节水统计年鉴、信阳市建设系统统计资料汇编、城市用水定额和农业灌溉用水定额分析研究成果等。水利工程(大、中型水库和引水控制闸)蓄水、引水资料,城镇自来水公司供水资料,环保局城市污水排放资料,城市自备井地下水开采资料等基本资料。

3.计算方法

1)单站逐项还原法

单站逐项还原法是在水文站实测径流量的基础上,采用逐项调查或测验方法补充收集流域内受人类活动影响水量的有关资料,然后进行分析还原计算,以求得能代表某一特定下垫面条件下(真实反映流域产汇流水文特性)的天然河川径流量。

单站逐项还原法的适用条件是水系完整、流域界线分明,各种蓄水、引水、退水工程情况清楚,并有完整、可靠的实测水文资料,同时能测得或调查收集到流域内翔实的蓄水、引水、用水资料,且实际观测的控制水量应占流域天然径流量的 50%以上。计算公式为

$$W_{天然} = W_{实测} + W_{农灌} + W_{工业} + W_{生活} \pm W_{库蓄变} \pm W_{引水} \pm W_{分洪} + W_{库渗} + W_{其他}$$

式中:$W_{天然}$ 为还原后的天然水量;$W_{实测}$ 为水文站实测水量;$W_{农灌}$ 为灌溉用水耗损水量;$W_{工业}$ 为工业用水耗损水量;$W_{生活}$ 为城镇生活用水耗损水量;$W_{库蓄变}$ 为计算时段始末水库蓄水变量(增加为正、减少为负);$W_{引水}$ 为跨流域、水系调水而增加或减少的测站控制的水量(引出为正,引入为负);$W_{分洪}$ 为河道分洪水量(分出为正,分入为负);$W_{库渗}$ 为水库渗漏水量(数量一般不大,对下游站来讲仍可回到断面上,可以不计);$W_{其他}$ 为对于改变计算代表站控制流域内河川径流量有影响的其他水量。

2）分项水量调查及还原计算

伴随着社会经济的快速发展，水资源开发利用程度不断提高。受人类社会经济活动影响，区域水资源形成和转化条件也发生了很大变化，水文站实测径流难以真实反映区域下垫面产汇流的水文特性。所以，需要对受人类活动影响的水量进行还原计算，推求流域某一产汇流条件较一致情况下（系列具有一致性）的河川径流量。

分项还原水量的主要项目包括农业灌溉、城镇工业和生活用水的耗损量（含蒸发消耗和入渗损失），跨流域引入、引出水量，河道分洪决口水量，水库蓄水变量等。

按照技术细则要求，主要计算代表站应进行逐月还原计算，提出历年逐月的天然径流系列；对于其他选用站只进行年还原计算，提出天然年径流系列（见表 2-14）。

表 2-14　选用代表站天然径流特征值成果

站名	控制面积（km^2）	系列	径流量均值（万 m^3）	径流深均值（mm）	C_v	C_s/C_v
北庙集	1 710	1956～2015 年	64 911	379.6	0.53	2
蒋家集	3 755	1956～2015 年	181 707	520.9	0.52	2
鲇鱼山	963	1956～2015 年	51 049	552.5	0.51	2

2.2.2.4　地表水资源量成果

固始县 1956～2015 年平均地表水资源量约为 12.54 亿 m^3，折合径流深 426.3 mm。其中，泉河区多年平均地表水资源量为 2.49 亿 m^3，折合径流深 419.1 mm；灌河区多年平均地表水资源量为 1.796 8 亿 m^3，折合径流深 484.3 mm；史河区多年平均地表水资源量为 6.755 2 亿 m^3，折合径流深 420.1 mm；淮干区多年平均地表水资源量为 0.341 9 亿 m^3，折合径流深 371.6 mm；白露河区多年平均地表水资源量为 1.158 3 亿 m^3，折合径流深 421.2 mm，见表 2-15、表 2-16。

表 2-15　固始县流域分区地表水资源量成果

三级区	四级区	面积（km^2）		均值		C_v	C_s/C_v	不同频率地表水资源量（万 m^3）			
				（万 m^3）	（mm）	矩法		20%	50%	75%	95%
王蚌区间南岸（史灌河）	泉河区	595	2 574	24 857	419.1	0.51	2.0	34 094	22 681	12 723	6 237
	灌河区	371		17 968	484.3	0.51	2.0	24 761	17 149	10 662	6 617
	史河区	1 608		67 552	420.1	0.51	2.0	98 515	63 793	42 535	23 168
王家坝以上南岸区	淮干区	92	367	3 419	371.6	0.51	2.0	4 786	3 316	2 732	1 696
	白露河区	275		11 583	421.2	0.51	2.0	20 744	10 989	8 806	4 472
合计		2 941		125 379	426.3	0.51	2.0	182 900	117 928	77 458	42 190

表 2-16　固始县不同系列地表水资源量统计

系列	四级区	面积 (km²)		均值		C_v	C_s/C_v	不同频率地表水资源量(万 m³)			
				(万 m³)	(mm)	矩法		20%	50%	75%	95%
	泉河区	595		25 222	424.2	0.51	2.0	34 594	23 014	12 910	6 328
	灌河区	371	2 574	18 232	491.8	0.51	2.0	25 124	17 401	10 818	6 714
1956~2000 年	史河区	1 608		68 543	426.6	0.51	2.0	99 960	64 729	43 159	23 508
	淮干区	92	367	3 469	377.4	0.51	2.0	4 856	3 365	2 772	1 721
	白露河区	275		11 753	427.7	0.51	2.0	21 048	11 150	8 935	4 538
	小计	2 941		127 219	432.6	0.51	2.0	185 582	119 658	78 594	42 809
系列	四级区	面积 (km²)		均值		C_v	C_s/C_v	不同频率地表水资源量(万 m³)			
				(万 m³)	(mm)	矩法		20%	50%	75%	95%
	泉河区	595		25 013	420.4	0.51	2.0	34 308	22 823	12 803	6 276
	灌河区	371	2 574	18 081	487.4	0.51	2.0	24 916	17 257	10 729	6 659
1980~2015 年	史河区	1 608		67 976	422.7	0.51	2.0	99 133	64 193	42 802	23 313
	淮干区	92	367	3 440	374.0	0.51	2.0	4 816	3 337	2 749	1 707
	白露河区	275		11 656	423.8	0.51	2.0	20 874	11 058	8 861	4 500
	小计	2 941		126 166	429.0	0.51	2	184 047	118 668	77 944	42 455
系列	四级区	面积 (km²)		均值		C_v	C_s/C_v	不同频率地表水资源量(万 m³)			
				(万 m³)	(mm)	矩法		20%	50%	75%	95%
	泉河区	595		24 857	419.1	0.51	2.0	34 094	22 681	12 723	6 237
	灌河区	371	2 574	17 968	484.3	0.51	2.0	24 761	17 149	10 662	6 617
1956~2015 年	史河区	1 608		67 552	420.1	0.51	2.0	98 515	63 793	42 535	23 168
	淮干区	92	367	3 419	371.6	0.51	2.0	4 786	3 316	2 732	1 696
	白露河区	275		11 583	421.2	0.51	2.0	20 744	10 989	8 806	4 472
	小计	2 941		125 379	426.3	0.51	2.0	182 900	117 928	77 458	42 190

2.2.2.5　地表水资源时空分布

1.区域分布

从流域分布上看,固始县地表水资源量呈现南部山丘区多于北部区域的特点。灌河区地表水资源最丰富,折合径流深 484.3 mm;固始县淮河干流区域地表水资源量最少,折合径流深 371.6 mm。

2.年内分配

固始县地表水资源量主要产生在汛期,连续最大 4 个月出现时间稍滞后于降水量。以典型年为例进行分析。固始县连续最大 4 个月地表水资源量发生在 6~9 月,占全年的

60.6%;月最大值出现在 7 月,月最小值出现在 2 月,月最大与月最小的倍比为 28.5。

2.2.3　地下水资源量

地下水资源是指与大气降水、地表水体有直接补排关系的动态重力水,即赋存于地面以下饱水带岩土孔隙中参与水循环且可以更新的浅层地下水。

本次地下水资源调查评价,是在收集大量资料的基础上,对近期下垫面条件下多年(1980~2015 年,下同)平均浅层地下水资源量及其分布特征进行的全面评价。

2.2.3.1　资料情况

收集的资料包括以下类别:

(1)地形、地貌及水文地质资料,主要依据固始县 1∶20 万《中华人民共和国区域水文地质普查报告》。

(2)水文气象资料,包括 1980~2015 年固始县水文系统和部分气象系统的降水与蒸发资料、4 个典型代表性单站的 1980~2015 年径流资料。

(3)地下水位动态监测资料,包括固始县 6 余眼地下水监测井水位与埋深系列观测资料,并从中重点筛选出资料比较可靠、系列较长的 6 眼井作为参数分析井。

(4)地下水实际开采量资料及引水灌溉资料,包括 1980~2015 年期间各市(县)地下水开采量、地表水灌溉水量资料。

(5)其他有关资料,包括前人有关研究、工作成果及部分水源地抽水试验成果等。

2.2.3.2　浅层地下水评价方法

1.平原区地下水资源量计算

1)平原区地下水资源量评价方法

本次评价的平原区地下水资源量,是指近期下垫面条件下,由降水、地表水体入渗补给及侧向补给地下含水层的动态水量。评价原理采用水均衡法,用公式表示为

$$Q_{总补} = Q_{总排} + \Delta W$$

$$Q_{总补} = P_r + Q_{地表水体补} + Q_{山前} + Q_{井归}$$

$$Q_{总排} = Q_{开采} + Q_{河排} + W_E$$

式中:$Q_{总补}$、$Q_{总排}$分别为多年平均地下水总补给量、地下水总排泄量;ΔW 为地下水蓄变量(水位下降时为负值,水位上升时为正值);P_r 为降水入渗补给量;$Q_{山前}$为山前侧向补给量;$Q_{井归}$为井灌回归补给量;$Q_{开采}$为浅层地下水开采量;$Q_{河排}$为河道排泄量;W_E为潜水蒸发量;$Q_{地表水体补}$为地表水体补给量,包括河道渗漏补给量、库塘渗漏补给量、渠系渗漏补给量、渠灌田间入渗补给量及以地表水为回灌水源的人工回灌补给量之和。

平原区地下水资源量($Q_{平原}$)等于总补给量与井灌回归补给量之差值,即

$$Q_{平原} = Q_{总补} - Q_{井归}$$

2)补给量计算

平原区地下水补给量包括降水入渗补给量、地表水体补给量、山前侧向补给量及井灌回归补给量,其中降水入渗补给量是最主要的补给量,本次计算了 1980~2015 年共 36 年的降水入渗补给量系列,其他各项补给量计算 1980~2015 年期间的多年平均值。

(1)降水入渗补给量 P_r。

降水入渗补给量 P_r 指降水渗入到土壤中并在重力作用下渗透补给地下水的水量。计算公式为

$$P_r = 10^{-1} P\alpha F$$

式中：P_r 为降水入渗补给量，万 m^3/年；P 为年降水量，mm；α 为降水入渗补给系数；F 为计算面积，km^2。

降水量采用各计算单元 1980~2015 年逐年的面平均降水量；α 值根据多年平均地下水埋深值和年降水量，从已建立的相应包气带不同岩性 $P_{年} \sim \alpha_{年} \sim H_{年}$ 关系曲线查得，从而计算出 1980~2015 年系列及多年平均降水入渗补给量值。

计算结果表明，固始县平原区多年平均降水入渗补给量为 30 406 万 m^3/年。

通过对固始县平原区 1956~2015 年系列降水量（P）与降水入渗补给量（P_r）建立 $P \sim P_r$ 相关关系，可以发现平原区 $P \sim P_r$ 相关关系很好，相关系数一般都在 0.85 以上。由此说明，一般未知年份的降水入渗补给量，可根据降水量值从建立的 $P \sim P_r$ 相关关系曲线上进行插补，求得的成果精度也是有一定保证的。

（2）渠系、渠灌田间渗漏补给量。

渠系渗漏补给量和渠灌田间渗漏补给量都采用系数法计算，即

$$Q_{渠系} = mQ_{渠首引}$$

$$m = \gamma(1 - \eta)$$

$$Q_{渠灌} = \beta_{渠} Q_{渠田}$$

式中：$Q_{渠系}$ 为渠系渗漏补给量，万 m^3/年；m 为渠系渗漏补给系数；$Q_{渠系引}$ 为渠首引水量，万 m^3/年；γ 为修正系数；η 为渠系有效利用系数；$Q_{渠灌}$ 为渠灌田间入渗补给量；$\beta_{渠}$ 为渠灌田间入渗补给系数；$Q_{渠田}$ 为渠灌水进入斗渠渠首水量，万 m^3/年。

（3）地表水体补给量。

地表水体补给量是指河道渗漏补给量、湖库坑塘渗漏补给量、渠系渗漏补给量、渠灌田间入渗补给量及人工回灌补给量之和。

根据以上分项计算，固始县平原区多年平均地表水体补给量为 4 305 万 m^3/年。

（4）山前侧向补给量。

山前侧向补给量指发生在山丘区与平原区交界面上，山丘区浅层地下水以地下水潜流形式补给平原区浅层地下水的水量。采用剖面法达西公式计算：

$$Q_{山前侧} = 10^{-4} KIAt$$

式中：$Q_{山前侧}$ 为山前侧向补给量，万 m^3/年；K 为剖面位置不同岩性的渗透系数，m/d；I 为垂直于剖面的水力坡度；A 为剖面面积，m^2；t 为时间，采用 365 d。

山前侧向补给量在平原区补给水资源量与山区水资源计算中属于水资源量中的重复计算量，基本相等，故本次不予考虑。

（5）井灌回归补给量。

井灌回归补给量指开采的地下水进入田间后，入渗补给地下水的水量，计算公式为

$$Q_{井灌} = \beta_{井} Q_{井田}$$

式中：$Q_{井灌}$ 为井灌回归补给量，万 m^3/年；$\beta_{井}$ 为井灌回归补给系数；$Q_{井田}$ 为井灌开采量，

万 m^3/年。

井灌开采量为 1980~2015 年期间的逐年调查统计值，计算出固始县平原区多年平均井灌回归补给量为 211.0 万 m^3/年。

(6)总补给量。

各分项补给量之和即为地下水总补给量。根据上述各分项补给量的计算结果，求得固始县平原区多年平均地下水总补给量为 34 922 万 m^3/年。流域分区各项补给量及总补给量成果见表 2-17。

表 2-17　固始县平原区浅层地下水多年平均补给量成果　(单位：万 m^3/年)

	流域分区	降水入渗补给量	地表水体补给量	井灌回归量	总补给量
固始县	泉河区	11 250	1 583	81	12 914
	史河区	14 899	2 095	108	17 102
	淮干区	1 824	263	9	2 096
	白露河区	2 433	364	13	2 810
	小计	30 406	4 305	211	34 922

3)排泄量计算

平原区排泄量包括潜水蒸发量、浅层地下水实际开采量、河道排泄量和侧向流出量。本次计算了 1980~2015 年期间多年平均浅层地下水实际开采量，为便于以后计算水资源总可利用量，对河道排泄量则进行逐年计算。对于侧向流出量，因计算区补给项中侧向流入量与排泄项中侧向流出量基本相等，且属于水资源量中的重复计算量，故平原区侧向流出量本次不予考虑。

(1)潜水蒸发量。

潜水蒸发量是指潜水在毛细管力作用下，通过包气带岩土向上运动造成的蒸发量。采用系数法计算，即

$$W_E = EF = 10^{-1}E_0CF$$

式中：W_E为潜水蒸发量，万 m^3/年；E 为潜水蒸发量，mm/年；E_0为水面蒸发量，mm/年，采用 E-601 型蒸发器的观测值；C 为潜水蒸发系数；F 为计算面积，km^2。

一般来说，潜水埋深越浅，蒸发越强烈；埋深越深，蒸发越小，当埋深大于 4 m 时，一部分毛细管水上升不到地面，即使能达到或接近地表，其上升速度很缓慢，潜水蒸发很少。固始县地下水埋深普遍小于 4 m，经计算固始县平原区潜水蒸发量多年平均值为 10 356 万 m^3/年。

(2)地下水开采量。

地下水开采量通过各市、县调查统计得出，再分配到各计算区。经统计分析，自 20 世纪 80 年代以来，固始县地下水开采量增加趋势非常明显，其中农业灌溉开采量最大，工业开采量与生活开采量所占份额小但年均增长幅度较大。

本次调查统计的 1980~2015 年期间，固始县平原区多年平均地下水开采量为 2 576 万 m^3。

(3)河道排泄量。

河道排泄量是指河水位低于两岸地下水位时,地下水向河道排泄的水量。一般可采用剖面法达西公式,在有条件的区域也可用单站基流分割类比法。

本次主要采用单站基流分割类比法,求得固始县平原区多年平均河道排泄量为20 460万 m^3/年。

河道排泄量中由降水入渗补给地下水而形成的河道排泄量,是水资源总量中重复水量的一部分,为便于计算水资源总量系列,本次将其单独列出,并逐年计算,采用公式如下:

$$Q_{降排} = Q_{河排} \frac{P_r}{Q_{总}}$$

式中:$Q_{降排}$为降水入渗补给地下水形成的河道排泄量;$Q_{河排}$为河道排泄量;P_r为降水入渗补给地下水量;$Q_{总}$为浅层地下水总补给量。

固始县由降水入渗补给地下水形成的平原河道排泄量为13 962万 m^3/年。

(4)总排泄量。

各分项排泄量之和即为地下水总排泄量。根据上述计算结果,求得固始县平原区多年平均地下水总排泄量为33 393万 m^3/年,各项排泄量及总排泄量成果见表2-18。

表2-18　固始县平原区浅层地下水多年平均排泄量成果　(单位:万 m^3/年)

	流域分区	地下水开采量	潜水蒸发量	河道排泄量	总排泄量
固始县	泉河区	993	3 891	7 521	12 405
	史河区	1 317	5 157	9 955	16 430
	淮干区	112	549	1 269	1 930
	白露河区	154	759	1 715	2 628
	小计	2 576	10 356	20 460	33 393

4)平原区地下水均衡计算

(1)浅层地下水蓄变量。

浅层地下水蓄变量是指计算区初时段与末时段浅层地下水储存量的差值。采用公式:

$$\Delta W = 10^2 \cdot (h_2 - h_1)\mu F/t$$

式中:ΔW为浅层地下水蓄变量,万 m^3/年;h_1为计算时段初地下水埋深,m;h_2为计算时段末地下水埋深,m;μ为浅层地下水变幅带给水度;F为计算面积,km^2;t为计算时段长,年。

本次采用固始县6眼地下水长观井资料,计算出1980~2015年期间平原区浅层地下水总蓄变量为-4 561.2万 m^3,表明固始县平原区36年间平均每年减少126.6万 m^3。

(2)浅层地下水均衡分析。

浅层地下水均衡指平原区多年平均地下水总补给量$Q_{总补}$、总排泄量$Q_{总排}$、蓄变量ΔW三者之间的平衡关系,用公式表示为

$$X = Q_{总补} - Q_{总排} - \Delta W$$

$$\delta = \frac{X}{Q_{总补}} \times 100\%$$

式中：X 为绝对均衡差，万 m^3/年；δ 为相对均衡差(%)。

当$|X|$值或$|\delta|$值较小时，可近似判断为 $Q_{总补}$、$Q_{总排}$、ΔW 三项计算成果的计算误差较小，亦即计算精确程度较高；反之，则表明计算误差较大，计算精确程度较低。

通过计算分析，固始县平原区相对均衡差为 4.7%(见表 2-19)，符合评价技术规范要求。

表 2-19　固始县平原区多年平均浅层地下水均衡分析　(单位：万 m^3/年)

流域分区	总补给量	总排泄量	绝对均衡差	地下水年均蓄变量	相对均衡差(%)
泉河区	12 914	12 405	510	-77.1	4.5
史河区	17 102	16 430	672	-102.1	4.5
淮干区	2 096	1 930	166	22.1	6.9
白露河区	2 810	2 628	182	30.5	5.4
小计	34 922	33 393	1 530	-126.6	4.7

2.山丘区地下水资源量计算

1)山丘区地下水资源量评价方法

山丘区的地下水资源量，也就是山丘区的降水入渗补给量。目前，山丘区还没有直接计算补给量的成熟理论和方法，故一般根据排泄法来计算，即以排泄量之和作为山丘区地下水资源量。山丘区排泄量包括河川基流量、山前泉水溢出量、山前侧向流出量、地下水实际开采净消耗量和潜水蒸发量。其中，山前泉水溢出量指出露于山丘与平原交界处附近，未计入河川径流量的泉水，因其数量不大，本次未进行调查统计；山丘区潜水蒸发量指划入山丘区中的小山间河谷平原的浅层地下水蒸发量，也因其数量不大，本次未予考虑。因此，山丘区地下水资源量采用下式计算：

$$Q_{山} = Q_{基流} + Q_{山前侧} + W_{净耗}$$

式中：$Q_{山}$为山丘区地下水资源量；$Q_{基流}$为河川基流量；$Q_{山前侧}$为山前侧向流出量；$W_{净耗}$为地下水实际开采净消耗量。

2)排泄量计算

(1)河川基流量。

河川基流量是山丘区最主要的排泄量，本次采用分割河川径流过程线的方法来计算，具体步骤如下。

①水文站的选用。

为计算河川基流量选择的水文站应符合下列要求：具有 1980~2015 年比较完整、连续的逐日河川径流量观测资料；所控制的流域闭合，地表水与地下水的分水岭基本一致；单站的控制流域面积宜介于 300~5 000 km^2；按地形地貌、水文气象、植被和水文地质条件，选择各种有代表性的水文站；不能选用上游建有水库集水面积超过 20%的水文站。

根据以上原则，固始县山丘区选用符合条件的竹竿铺水文站作为河川基流量计算代表站，见表 2-20。

表 2-20　固始县山丘区切割基流站统计

选用基流分割站				实际切割年数（2001～2015年期间）	多年平均河川基流模数（万 m^3/km^2）	多年平均基径比	单站控制的山丘区类型
水文站名称	集水面积（km^2）	所属水资源分区					
		一级	三级				
竹竿铺	1 639			15	12.6	0.26	

②单站 1956～2015 年系列河川基流计算。

本次对所选单站 2001～2015 年系列实测逐日河川径流过程线，采用直线斜割法进行河川基流计算（1980～2000 年直接采用河南省水资源成果），并将逐年各时段的河川径流还原水量按基径比还原到河川基流量中，即为天然河川基流量。

在单站 1980～2015 年期间的河川基流量分割成果的基础上，建立该站河川径流量（R）与天然河川基流量（R_g）的关系曲线，即 $R \sim R_g$ 关系曲线。再根据该站 1956～2015 年系列的河川径流量，从 $R \sim R_g$ 关系曲线中分别查算各年的河川基流量。

③计算分区 1956～2015 年的河川基流量系列的计算。

根据选用单站的 1956～2015 年逐年的河川基流模数和基径比成果，对未控区采用类比区基流模数或基径比参与计算，即根据就近地形地貌、水文气象、植被、水文地质条件类似区域的河川基流模数或基径比，用类比法确定计算分区 1956～2015 年逐年的河川基流量系列，固始县河道水文站点比较少，并且河道上游建有大、中型水库，河道流量受水库控制，不能反映河道基流的真实情况。周边地形地貌、水文气象、植被、水文地质条件类似的水文站，本次评价选用竹竿铺水文站。本次评价山区河川基流量，主要参考竹竿铺的基流模数。计算公式为

$$R_{gj} = \sum M_{0j基i} F_i$$

或

$$R_{gj} = K_j W_{j径流}$$

式中：R_{gj}为计算分区第 j 年的河川基流量，万 m^3/年；F_i为计算分区面积，km^2；K_j为选用水文站在第 j 年的基径比；$W_{j径流}$为计算分区第 j 年的径流量，万 m^3/年。

根据以上方法，得出固始县山丘区河川基流量为 20 651 万 m^3。（1980～2015 年为 16 363万 m^3）

（2）山前侧向流出量。

山前侧向流出量即为平原区山前侧向补给量，前面已作说明，为重复计算量，故本次评价不考虑。

（3）浅层地下水实际开采净消耗量。

从实际开采量中扣除用水过程中回归补给地下水量，即为开采净消耗量。经调查统计和分析计算，固始县山丘区多年平均地下水实际开采量为 893 万 m^3/年，开采净消耗量 788 万 m^3/年。

3.分区地下水资源量计算

采用下式计算分区 1980~2015 年多年平均地下水资源量：

$$Q_{资} = P_{r山} + Q_{平资} - Q_{基补}$$

式中：$Q_{资}$为计算分区近期多年平均地下水资源量；$P_{r山}$为山丘区 1980~2015 年期间多年平均降水入渗补给量，亦即山丘区 1980~2015 年期间多年平均地下水资源量；$Q_{平资}$为平原区 1980~2015 年期间多年平均地下水资源量；$Q_{基补}$为平原区 1980~2015 年期间河川基流量形成的多年平均地表水体补给量。

在分区地下水资源量计算公式中，$Q_{基补}$就是山区与平原之间地下水的重复计算量。经计算，固始县山区与平原之间地下水的重复计算量为 0.124 7 亿 m³/年。

2.2.3.3 浅层地下水资源量

1.平原区地下水资源量

根据平原区地下水资源量评价方法和补给量计算成果，固始县平原区地下水资源量为 34 711 万 m³/年。按补给项分类，固始县平原区地下水资源量中，降水入渗补给量为 30 406 万 m³/年；地表水体补给量为 4 305 万 m³/年。各行政分区、流域分区成果见表 2-21。

表 2-21　流域分区平原浅层地下水资源量成果　（单位：万 m³/年）

流域分区		降水入渗补给量	地表水体补给量	平原区地下水资源量
王蚌区间南岸	泉河区	11 250	1 583	12 833
	史河区	14 899	2 095	16 994
王家坝以上南岸	淮干区	1 824	263	2 087
	白露河区	2 433	364	2 797
小计		30 406	4 305	34 711

2.山丘区地下水资源量

根据山丘区地下水资源量评价方法和排泄量计算结果，固始县山丘区地下水资源量为 17 151 万 m³/年。按排泄项分类，固始县山丘区地下水资源量中，河川基流量为 16 363 万 m³/年；开采净耗量为 788 万 m³/年。各行政分区、流域分区成果见表 2-22。

表 2-22　固始县山丘区（流域分区）地下水资源量成果　（单位：万 m³/年）

流域分区		河川基流量	开采净耗量	山丘区地下水资源量
王蚌区间南岸	泉河区			
	灌河区	4 582	220	4 802
	史河区	9 981	481	10 462
王家坝以上南岸	淮干区			
	白露河区	1 800	87	1 887
小计		16 363	788	17 151

3.分区地下水资源量

根据分区地下水资源量计算方法及平原区、山丘区地下水资源量计算结果，得出固始县地下水资源量为50 589万m^3/年，其中山丘区为17 151万m^3/年，平原区为34 711万m^3/年，山丘区与平原区之间地下水的重复计算量为1 273万m^3/年，地下水与地表水重复计算量为33 520万m^3/年。按矿化度分区，固始县淡水区地下水资源量为50 589万m^3/年。各行政分区、流域分区成果见表2-23。

表2-23 固始县流域分区浅层地下水资源量成果 （单位：万m^3/年）

水资源分区		地下水资源量				
三级区	四级区	山丘区资源量	平原区资源量	山丘区与平原区之间地下水重复量	分区地下水资源量	地下水与地表水重复计算量
王蚌区间南岸	泉河区		12 833	467	12 366	7 827
	灌河区	4 802			4 802	4 580
	史河区	10 462	16 994	618	26 838	16 847
王家坝以上南岸	淮干区	0	2 087	79	2 008	1 321
	白露河区	1 887	2 797	109	4 575	2 945
合计		17 151	34 711	1 273	50 589	33 520

4.地下水资源量评价成果合理性分析

浅层地下水补给受地形地貌、地层岩性和结构、植被、水文气象、水利工程及灌溉方式等因素的制约，决定了各地的地下水资源量。

为了反映地下水资源分布规律，按总面积分别计算各流域分区地下水模数值，固始县地下水资源模数为17.2万m^3/(km^2·年)。地下水资源模数最大的是泉河区，为20.8万m^3/(km^2·年)，最小的是灌河区12.9万m^3/(km^2·年)，见表2-24。

表2-24 固始县流域分区地下水资源模数

水资源分区名称		面积(km^2)	分区地下水资源量(万m^3/年)	地下水资源模数[万m^3/(km^2·年)]
三级区	四级区			
王蚌区间南岸	泉河区	595	12 366	20.8
	灌河区	371	4 802	12.9
	史河区	1 608	26 838	16.7
王家坝以上南岸	淮干区	92	2 008	21.8
	白露河区	275	4 575	16.6
合计		2 941	50 589	17.2

1)地下水资源模数的分布规律和特征

平原区地下水资源模数与降水入渗补给模数、总补给模数分布规律大体一致。

(1)分布规律。

固始县地下水资源模数分布的总体规律为：

①地下水资源模数总趋势是北部稍大于南部。

②相同岩性条件下，地下水埋深接近最佳埋深的地区，其地下水资源模数越大。

③资源模数分布与包气带、地下水变幅带岩性有关，山前倾斜平原比一般平原区资源模数要大。

④有大型灌区和引水条件好的区，产生渠系渗漏补给量和渠灌田间入渗补给量大，地下水资源模数比邻近平原区要大。

⑤地下水开采量大的区域，地下水位下降，由于地下水埋深大，降雨量补给地下水的量较小，这些区域地下水资源模数比其他区域要小。

(2)分布特征。

固始县多年平均浅层地下水资源模数为 17.2 万 $m^3/(km^2 \cdot 年)$，就流域分区来看，泉河区为 20.8 万 $m^3/(km^2 \cdot 年)$；灌河区为 12.9 万 $m^3/(km^2 \cdot 年)$；史河区为 16.7 万 $m^3/(km^2 \cdot 年)$；淮干区为 21.8 万 $m^3/(km^2 \cdot 年)$；白露河区 16.6 万 $m^3/(km^2 \cdot 年)$。

2)地下水动态变化

地下水位的动态变化主要受降雨和开采量的影响，也受到地理条件的制约。据 1980~2015 年(36 年)平原区代表性观测井资料统计，固始县地下水位总的趋势为下降，下降幅度为 0.35 m，平均年下降值为 0.01 m。

2009~2015 年固始县总下降幅度为 0.049 m，总体上基本保持在一个平衡期，地下水采补基本平衡，水位则与降雨呈一定关系。地下水位变化年幅达到了 0.03~0.99 m/年，这些变化都和地下水开采的程度及降雨有关。

通过不同年代地下水埋深变幅比较，可以反映地下水位的年代变化情况。固始县地下水位 1980~2015 年呈总体下降趋势，但下降幅度缓慢，主要原因为固始县地表水丰富，地下水开采量均不大；特别是近年来，为保护地下水资源，对地下水开采进行严格控制，开采量减少，地下水埋深下降幅度更加减缓。

3)地下水资源量的合理性分析

本次评价的全县多年平均地下水资源量为 50 589 万 $m^3/年$，其中，山丘区地下水资源量为 17 151 万 $m^3/年$，地下水资源模数为 17.2 万 $m^3/(km^2 \cdot 年)$，平原区为34 711万 $m^3/年$，地下水资源模数为 23.1 万 $m^3/(km^2 \cdot 年)$。

河南省第二次水资源调查评价的专项科研成果揭示的山丘区地下水资源分布特征，淮河干流以南的山丘区因降水量较大，其地下水资源模数高于淮河干流以北的山丘区，模数值为 10 万~15 万 $m^3/(km^2 \cdot 年)$；淮河干流以南平原区地下水资源模数一般为 20 万~25 万 $m^3/(km^2 \cdot 年)$。固始县平原区地下水资源模数为 23.1 万 $m^3/(km^2 \cdot 年)$ 在评价范围内合理。

2.2.4　水资源总量

2.2.4.1　**计算方法**

分区水资源总量用下列公式计算：

$$W = R_s + P_r \text{ 或 } W = R + P_r - R_g$$

式中：W 为水资源总量；R_s为地表径流量（不包括河川基流量）；R 为河川径流量（地表水资源量）；P_r为地下水的降水入渗补给量（山丘区用地下水总排泄量代替）；R_g为河川基流量（平原区只计降水入渗补给量形成的河道排泄量）。

式中各分量可直接采用地表水和地下水资源评价的系列成果。

2.2.4.2　计算结果

1.1956～2015 年多年平均水资源总量

固始县 1956～2015 年多年平均地表水资源量为 12.537 9 亿 m³，山丘区地下水资源量为 1.678 3 亿 m³，山丘区河川基流量为 1.618 9 亿 m³，平原区降水入渗补给量为 2.989 5 亿 m³，平原区降水入渗补给形成的河道基流排泄量为 1.342 1 亿 m³，固始县水资源总量为 14.244 7 亿 m³，产水模数为 48.4 万 m³/km²，产水系数为 0.45，见表 2-25、表 2-26。

表 2-25　固始县不同系列水资源总量对比分析表　（单位：亿 m³）

年份	地表水径流量	山丘区地下水资源量	山丘区河川基流量	平原区降水入渗补给量	平原区降水入渗补给形成的河道排泄量	水资源总量
1956～2000 年	12.721 8	1.657 2	1.607 6	2.970 1	1.275 7	14.465 9
1980～2015 年	12.616 6					14.323 4
1956～2015 年	12.537 9	1.678 3	1.618 9	2.989 5	1.342 1	14.244 7

表 2-26　1956～2015 年固始县流域分区水资源总量计算成果

水资源分区	计算面积（km²）	地表水径流量（亿 m³）	山丘区地下水资源量（亿 m³）	山丘区河川基流量（亿 m³）	平原区降水入渗补给量（亿 m³）	平原区降水入渗补给形成的河道排泄量（亿 m³）	水资源总量（亿 m³）	产水模数（万 m³/km²）	降水量（mm）	产水系数
泉河区	595	2.485 7			1.117 3	0.501 6	3.101 4	52.1	1 011.4	0.52
灌河区	371	1.796 8	0.165 5	0.159 7			1.802 7	48.6	1 022.7	0.47
史河区	1 608	6.755 2	1.283 9	1.238 4	1.460 9	0.655 9	7.605 7	47.3	1 067.7	0.43
淮干区	92	0.341 9			0.172 8	0.077 6	0.437 1	47.5	961.1	0.49
白露河区	275	1.158 3	0.228 9	0.220 8	0.238 5	0.107 1	1.297 8	47.2	1 017.3	0.43
合计	2 941	12.537 9	1.678 3	1.618 9	2.989 5	1.342 2	14.244 7	48.4	1 016.4	0.45

泉河区多年平均地表水资源量为 2.485 7 亿 m³，平原区降水入渗补给量为 1.117 3 亿 m³，平原区降水入渗补给形成的河道排泄量为 0.501 6 亿 m³，水资源总量为 3.101 4 亿 m³，产水模数为 52.1 万 m³/km²，产水系数为 0.52。灌河区多年平均地表水资源量为 1.796 8 亿 m³，山丘区地下水资源量为 0.165 5 亿 m³，山丘区河川基流量为 0.159 7 亿 m³，水资源总量为 1.802 7 亿 m³，产水模数为 48.6 万 m³/km²，产水系数为 0.47。史河区多年平均地表水资源量为 6.755 2 亿 m³，山丘区地下水资源量为 1.283 9 亿 m³，山丘区河川基

流量为 1.238 4 亿 m^3，平原区降水入渗补给量为 1.460 9 亿 m^3，平原区降水入渗形成的河道排泄量为 0.655 9 亿 m^3，水资源总量为 7.605 7 亿 m^3，产水模数为 47.3 万 m^3/km^2，产水系数为 0.43。淮干区多年平均地表水资源量为 0.341 9 亿 m^3，平原区降水入渗补给量为 0.172 8 亿 m^3，平原区降水入渗形成的河道排泄量为 0.077 6 亿 m^3，水资源总量为 0.437 1 亿 m^3，产水模数为 47.5 万 m^3/km^2，产水系数为 0.49。白露河区多年平均地表水资源量为 1.158 3 亿 m^3，山丘区地下水资源量为 0.228 9 亿 m^3，山丘区河川基流量为 0.220 8 亿 m^3，平原区降水入渗补给量为 0.238 5 亿 m^3，平原区降水入渗形成的河道基流排泄量为 0.107 1 亿 m^3，水资源总量为 1.297 8 亿 m^3，产水模数为 47.2 万 m^3/km^2，产水系数为 0.43。

2.不同系列多年平均水资源总量

本次计算 1956~2000 年固始县水资源总量为 14.465 9 亿 m^3，产水模数为 49.2 万 m^3/km^2，产水系数为 0.46。1956~1979 年固始县水资源总量为 14.247 4 亿 m^3，产水模数为 48.4 万 m^3/km^2，产水系数为 0.46。1980~2000 年固始县水资源总量为 14.715 6 亿 m^3，产水模数为 50.0 万 m^3/km^2，产水系数为 0.46。

固始县各流域分区、各行政分区水资源总量不同频率计算成果详见表 2-27。

表 2-27　固始县水资源分区不同频率水资源总量计算成果

流域分区	计算面积(km^2)	统计年限	年数	统计参数			不同频率水资源总量(亿 m^3)			
				均值(亿 m^3)	C_v	C_s/C_v	20%	50%	75%	95%
泉河区	595	1956~2015 年	60	3.101 4	0.43	1.55	4.135 5	3.036 1	2.127 9	1.177 7
		1956~2000 年	45	3.195 3	0.42	1.35	4.178 6	3.118 3	2.185 8	1.194 1
		1980~2015 年	36	3.177 7	0.46	1.55	4.207 1	3.074 7	2.060 5	1.070 5
灌河区	371	1956~2015 年	60	1.802 7	0.43	1.55	2.393 2	1.761 7	1.231 4	0.681 6
		1956~2000 年	45	1.771 9	0.42	1.35	2.418 2	1.758 2	1.264 9	0.691 0
		1980~2015 年	36	1.836 2	0.46	1.55	2.434 7	1.777 6	1.192 4	0.619 5
史河区	1 608	1956~2015 年	60	7.605 7	0.43	1.55	10.338 8	7.501 6	5.319 8	2.944 3
		1956~2000 年	45	7.760 7	0.42	1.35	10.446 4	7.659 1	5.464 5	2.985 2
		1980~2015 年	36	7.990 5	0.46	1.55	10.517 8	7.714 4	5.151 3	2.676 3
淮干区	92	1956~2015 年	60	0.437 1	0.43	1.55	0.593 5	0.430 9	0.305 4	0.169 0
		1956~2000 年	45	0.456 0	0.42	1.35	0.599 7	0.446 0	0.313 7	0.171 4
		1980~2015 年	36	0.445 5	0.46	1.55	0.603 8	0.434 9	0.295 7	0.153 6
白露河区	275	1956~2015 年	60	1.297 8	0.43	1.55	1.704 0	1.262 9	0.876 8	0.485 3
		1956~2000 年	45	1.282 0	0.42	1.35	1.721 7	1.264 1	0.900 6	0.492 0
		1980~2015 年	36	1.265 6	0.46	1.55	1.733 5	1.240 6	0.849 0	0.441 1
合计	2 941	1956~2015 年	60	14.244 7	0.43	1.55	19.145 9	13.987 9	9.851 4	5.452 4
		1956~2000 年	45	14.465 8	0.42	1.35	19.345 2	14.240 1	10.119 5	5.528 1
		1980~2015 年	36	14.403 4	0.47	1.55	19.477 5	14.049 5	9.539 5	4.956 0

2.3 水资源可利用量

2.3.1 地表水资源可利用量

地表水资源可利用量是指在可预见的时期内,在统筹考虑河道内生态环境和其他用水的基础上,通过经济合理、技术可行的措施,可供河道外生活用水、生产用水、生态用水的一次性最大水量(不包括回归水的重复利用量)。

2.3.1.1 计算方法

地表水可利用量估算方法因河流水系特点、水资源量的丰枯及变化、水资源开发利用程度等具体情况,采用不同的计算方法。固始县处于南北方交界地区,水资源相对紧缺,按照《全国水资源综合规划技术细则》的要求采用倒算法。

倒算法是用多年平均水资源量减去不可以被利用水量和不可能被利用水量,求得多年平均地表水资源可利用量,计算公式如下:

$$W_{地表水可利用量} = W_{地表水资源量} - W_{河道内最小生态环境需水量} - W_{洪水弃水}$$

倒算法的基本思路是从多年平均地表水资源量中扣除非汛期河道内最小生态环境需水量和生产用水,以及汛期难以控制利用的洪水量,剩余的水量作为可供河道外用水户利用,即为地表水资源可利用量。

2.3.1.2 地表水资源可利用量计算

1.计算河流和控制代表站

主要河流的地表水可利用量是区域水资源可利用量评价的基础,它是以河流控制站的可利用计算为基本依据,同时选择部分区域代表站。固始县共计评价 5 条河流和 5 个流域四级分区,依据气候条件和流域特征的相似性,选择的控制站、区域代表站为淮滨水文站、鲇鱼山水文站、蒋家集水文站、北庙集水文站,总控制面积 22 984 km^2,为固始县计算面积 2 941 km^2的 7.82 倍。

本次评价的主要河流和控制区域代表站如下:

泉河区:泉河流域基本在固始县境内,河流处于固始县城东北,蒋家集控制站以下,河道上游基本上没有大的拦蓄工程,地表水利用率不高,本次采用气候和流域特征基本相似的北庙集站和蒋家集站进行分析计算。

灌河区:采用鲇鱼山水文站。

史河区:采用蒋家集水文站。

白露河区:采用北庙集水文站。

淮干区:采用淮滨水文站。

2.评价方法

固始县地处淮河流域两大水系(淮河水系、史灌河水系),属于南北交界水资源相对紧缺地区,本次地表水可利用量计算采用倒算法。河道内最小生态环境需水量和其他用水采用多年平均天然径流百分数法估算。通过对固始县河流径流特性分析并结合代表站典型年的分析估算,河道内最小生态环境需水量按多年平均天然年径流量的 15%估算。

根据县域内河流水文特性分析，确定汛期为 6~9 月，汛期不可能被利用的洪水量估算采用长系列天然径流量资料，逐年估算汛期水利工程难以控制的下泄洪水量，由此计算多年平均汛期不可能被利用的洪水量。

2.3.1.3　地表水可利用量估算成果

1.主要控制站可利用量估算成果

主要控制站多年平均径流量减去河道生态环境需水量和多年平均下泄洪水量，求得主要控制站多年平均地表水可利用量。

控制站可利用量估算结果表明，王蚌区间南岸区地表水可利用率为 37.2%~50.4%，王家坝南岸区为 42.7%。其中，灌河区的地表水可利用率偏高，为 50.4%。主要原因在于鲇鱼山水库的调蓄作用，所以可利用率高；没有控制性工程的河流白露河、泉河等可利用率较低，见表 2-28。

表 2-28　主要控制站地表水可利用量分析估算成果

河流	控制站	集水面积（km^2）	多年平均天然径流量（亿 m^3）	生态环境需水量占年径流量（%）	河道生态环境需水量（亿 m^3）	汛期时段	各时段多年平均下泄洪水量（亿 m^3）	地表水资源可利用量（亿 m^3）	地表水资源可利用率（%）
泉河	蒋家集、北庙集	595	2.485 7	15	0.372 9	6~9 月	1.183 2	0.929 7	37.4
史河	蒋家集	3 750	17.849 3	15	2.677 4	6~9 月	8.532	6.639 9	37.2
灌河	鲇鱼山	924	5.104 9	15	0.673 4	6~9 月	1.859 7	2.571 8	50.4
白露河	北庙集	1 710	7.867 1	15	1.180 1	6~9 月	3.739 9	2.947 1	37.5
淮河	淮滨	16 005	56.003 2	15	8.400 5	6~9 月	23.687 5	23.915 2	42.7

2.分区地表水可利用量估算成果

分区地表水可利用量估算是在主要河流可利用量估算成果基础上汇总求得的。其中河道内生态环境需水量采用按分区多年平均地表水资源量的 15%计算结果。

汛期水利工程难以控制的下泄洪水量，在控制站估算成果基础上做如下调整计算：

泉河区下泄洪水量利用北庙集站、蒋家集站下泄洪水量面积比缩放；史河区下泄洪水量利用蒋家集站下泄洪水量进行分析计算；灌河区以鲇鱼山水库下泄洪水量按面积比缩放作为分区下泄洪水量；白露河区以北庙集控制站的下泄洪水量按面积比放大，并考虑区域水资源特点估算下泄洪水量。

通过上述调整估算，固始县多年平均地表水可利用量为 5.448 5 亿 m^3，占多年平均天然径流量 12.537 9 亿 m^3的 43.5%，见表 2-29。其中，泉河区地表水可利用量为 1.053 9 亿 m^3，占多年平均天然径流量的 42.4%；史河区间地表水可利用量为 2.850 7 亿 m^3，占多年平均天然径流量的 42.2%；灌河区地表水可利用量为 0.905 6 亿 m^3，占多年平均天然径流量 50.4%；白露河区地表水可利用量为 0.492 3 亿 m^3，占多年平均天然径流量的 42.5%；淮干区地表水可利用量为 0.146 0 亿 m^3，占多年平均天然径流量的 42.7%。

表 2-29　流域分区地表水可利用量分析估算成果　　(单位:亿 m^3)

三级区	计算面积(km^2)	多年平均天然径流量	河道生态环境需水量	时段多年平均下泄洪水量	地表水资源可利用量	地表水资源可利用率(%)
泉河区	595	2.485 7	0.248 6	1.183 2	1.053 9	42.4
灌河区	371	1.796 8	0.179 7	0.711 5	0.905 6	50.4
史河区	1 608	6.755 2	0.810 6	3.093 9	2.850 7	42.2
淮干区	92	0.341 9	0.034 2	0.161 7	0.146 0	42.7
白露河区	275	1.158 3	0.115 8	0.550 2	0.492 3	42.5
合计	2 941	12.537 9	1.388 9	5.700 5	5.448 5	43.5

2.3.2　地下水资源可开采量

平原区浅层地下水可开采量是指在可预见时期内,通过经济合理、技术可行的措施,在不致引起生态环境恶化的条件下允许从含水层中获取的最大水量。

2.3.2.1　计算方法

因山丘区地下水大部分以河川基流量、泉水出露量排泄于地表,已计入地表水可供水量中,不宜再纳入地下水可开采量计算,山丘区地下水开采将减少河川基流量与泉水出露量,使河川径流量减少。同时考虑到大部分山丘区不具备大规模开发利用地下水的条件;且开发利用地下水不会增加水资源可利用总量。为此,本次没有计算山丘区地下水可开采量。本次评价只计算平原区浅层地下水可利用量(可开采量),而且采用可开采系数法进行可开采量的计算。固始县平原区可开采系数特征值见表 2-30。

表 2-30　固始县平原区可开采系数特征值

分区	含水层		单井涌水量(m^3/h)	地下水动态(m)		实际开采系数	开采程度	选用开采系数
	主要岩性	厚度(m)		埋深	年际变幅			
泉河区	细砂—中细砂	5~15	5~10	1.5~6	0.5~3	0.6~0.7	中	0.65
史河区	中细砂—中粗砂	10~30	10~100	1~4	1.0~2.5	0.6~0.7	中	0.65
淮干区	中砂—中粗砂	10~30	50~100	2~6	1.5~3	0.5~0.7	低	0.6
白露河区	中砂—中粗砂	3~10	10~30	4~6	1~2.0	0.5~0.7	低	0.6

2.3.2.2　地下水可开采量计算结果

与地下水资源量计算相同,可利用量计算同样按不同矿化度分区,最后按矿化度 $M \leqslant$ 2 g/L、$M>2$ g/L 和总量进行水资源分区汇总,结果见表 2-31。

经过分析计算,固始县平原区地下水可开采量为 22 734 万 m^3,矿化度 $M \leqslant 2$ g/L 可开采量 22 734 万 m^3,矿化度 $M>2$ g/L 可开采量为 0,固始县平均可开采系数 0.64,可开采模数为 11.4 万 m^3/km^2。

表 2-31　固始县水资源分区(平原区)地下水可开采量计算成果

水资源分区名称	计算面积(km^2)	总补给量(万 m^3)	可开采量(万 m^3)	其中矿化度		可开采模数(万 m^3/km^2)
				$M \leqslant 2$ g/L(万 m^3)	$M>2$ g/L(万 m^3)	
泉河区	553	12 914	8 499	8 499		15.4
史河区	732	17 102	11 255	11 255		15.4
淮干区	92	2 096	1 273	1 273		13.8
白露河区	127	2 810	1 707	1 707		13.4
合计	1 504	34 922	22 734	22 734		15.1

2.3.3　水资源可利用总量

水资源可利用总量是指在可预见的时期内,在统筹考虑生活用水、生产用水和生态环境用水的基础上,通过经济合理、技术可行的措施在当地水资源中可提供一次性利用的最大水量。

2.3.3.1　计算方法

水资源可利用总量为地表水资源可利用量加上降水入渗补给量与河川基流量之差的可开采部分。估算公式如下:

$$W_{可利用总量} = W_{地表水可利用量} + \rho(P_r - R_g)$$

式中:P_r为降水入渗补给量(含山丘区,山丘区降水入渗补给量即为山丘区地下水资源量);R_g为降水入渗补给形成的河川基流量。

2.3.3.2　水资源可利用总量计算结果

固始县水资源可利用总量为 65 640 万 m^3,可利用模数为 22.3 万 m^3/km^2,可利用率为 46.1%。其中,泉河区水资源可利用总量为 14 494 万 m^3,可利用模数为 24.4 万 m^3/km^2,可利用率为 46.7%;灌河区水资源可利用总量为 9 225 万 m^3,可利用模数为 24.9 万 m^3/km^2,可利用率为 51.2%;史河区水资源可利用总量为 34 112 万 m^3,可利用模数为 21.2 万 m^3/km^2,可利用率为 44.9%;淮干区水资源可利用总量为 2 052 万 m^3,可利用模数为 22.3 万 m^3/km^2,可利用率为 46.9%;白露河区水资源可利用总量为 5 757 万 m^3,可利用模数为 20.9 万 m^3/km^2,可利用率为 44.4%,见表 2-32。

表 2-32　固始县水资源分区水资源可利用总量估算成果

三级区	面积(km^2)	水资源总量(万 m^3)	水资源可利用总量(万 m^3)	水资源可利用率(%)	水资源可利用模数(万 m^3/km^2)
泉河区	595	31 014	14 494	46.7	24.4
灌河区	371	18 027	9 225	51.2	24.9
史河区	1 608	76 057	34 112	44.9	21.2

续表 2-32

三级区	面积（km^2）	水资源总量（万 m^3）	水资源可利用总量（万 m^3）	水资源可利用率（%）	水资源可利用模数（万 m^3/km^2）
淮干区	92	4 371	2 052	46.9	22.3
白露河区	275	12 978	5 757	44.4	20.9
固始县	2 941	142 447	65 640	46.1	22.3

2.4 水资源质量

2.4.1 地表水水质评价

2.4.1.1 评价范围

本次地表水水质评价范围为固始县主要河流，包括史河、灌河、泉河等 3 条河流。

2.4.1.2 评价方法

本次评价采用水质综合类别评价法。其方法如下：

1.单因子评价

单因子评价是把断面（河流）每个监测项目的实测值作为该断面（河流）的代表值，同《地表水环境质量标准》（GB 3838—2002）中该监测项目水质的标准值作比较，监测项目的实测值符合几类标准就定该项目水质类别为几类，用罗马数字表示。

2.水质综合类别评价

水质综合类别评价是取断面（河流）各个监测项目单因子评价中污染最重的水质类别，作为该断面（河流）的水质综合类别。例如，断面（河流）中监测项目中最高水质类别为Ⅴ类水质，则断面（河流）的综合水质类别就表示为Ⅴ类。

2.4.1.3 评价标准

将按照每个地表水功能区的水质目标类别作为评价标准，凡超过水质目标者为超标。

地表水环境质量标准详见表 2-33。饮用水水源地水质评价按照《生活饮用水卫生标准》（GB 5749—2006）进行评价，详见表 2-34。

表 2-33 《地表水环境质量标准》（GB 3838—2002）（摘录）

序号	项目	标准分类				
		Ⅰ类	Ⅱ类	Ⅲ类	Ⅳ类	Ⅴ类
1	pH 值（无量纲）	6~9				
2	溶解氧≥	饱和率 90%（或 7.5）	6	5	3	2
3	高锰酸盐指数≤	2	4	6	10	15

续表 2-33

序号	项目	标准分类				
		Ⅰ类	Ⅱ类	Ⅲ类	Ⅳ类	Ⅴ类
4	化学耗氧量(COD)≤	15	15	20	30	40
5	五日生化需氧量(BOD_5)≤	3	3	4	6	10
6	氨氮(NH_3—N)≤	0.15	0.5	1.0	1.5	2.0
7	总磷(以 P 计)≤	0.02(湖、库 0.01)	0.1(湖、库 0.025)	0.2(湖、库 0.05)	0.3(湖、库 0.05)	0.4(湖、库 0.2)
8	总氮(湖、库,以 N 计)≤	0.2	0.5	1.0	1.5	2.0
9	铜≤	0.01	1.0	1.0	1.0	1.0
10	锌≤	0.05	1.0	1.0	2.0	2.0
11	氟化物(以 F^-)≤	1.0	1.0	1.0	1.5	1.5
12	砷化物≤	0.05	0.05	0.05	0.1	0.1
13	汞≤	0.000 05	0.000 05	0.000 1	0.001	0.001
14	镉≤	0.001	0.005	0.005	0.005	0.01
15	六价铬≤	0.01	0.05	0.05	0.05	0.1
16	铅≤	0.01	0.01	0.05	0.05	0.1
17	氰化物≤	0.005	0.05	0.2	0.2	0.2
18	挥发酚≤	0.002	0.002	0.005	0.01	0.1

表 2-34　生活饮用水卫生标准(GB 5749—2006)(摘录)

水质常规指标及限值		
一、毒理指标		
序号	检测项目	限值
1	砷 (mg/L)	0.01
2	镉(mg/L)	0.005
3	铬(六价,mg/L)	0.05
4	铅(mg/L)	0.01
5	汞(mg/L)	0.001
6	氰化物(mg/L)	0.05
7	氟化物(mg/L)	1.0
8	硝酸盐(以 N 计,mg/L)	10(地下水源限制时为 20)

续表 2-34

水质常规指标及限值		
二、感官性状和一般化学指标		
9	臭和味	无异臭、异味
10	肉眼可见物	无
11	pH	不小于 6.5 且不大于 8.5
12	铁(mg/L)	0.3
13	锰(mg/L)	0.1
14	铜(mg/L)	1.0
15	锌(mg/L)	1.0
16	氯化物(mg/L)	250
17	硫酸盐(mg/L)	250
18	溶解性总固体(mg/L)	1 000
19	总硬度(以 $CaCO_3$计,mg/L)	450
20	耗氧量(COD_{Mn}法,以 O_2计 mg/L)	3.0 (水源限值,原水耗氧量>6 mg/L 时为 5)
21	挥发酚类(以苯酚计,mg/L)	0.002
水质非常规指标及限值		
一、感官性状和一般化学指标		
22	氨氮(以 N 计,mg/L)	0.5

本标准适用于城乡供生活饮用的集中式给水(包括各单位自备的生活饮用水)和分散式给水。

2.4.1.4 评价结果

2015 年 1~12 月,河南省水环境监测中心信阳分中心对固始县 7 个水功能区,涉及史河、灌河、泉河 3 条河流 7 个水质监测断面进行了监测。水质监测项目包括水温、pH 值、溶解氧(DO)、高锰酸盐指数、化学需氧量(COD)、五日生化需氧量、氨氮、总磷、铜、锌、砷、汞、镉、氟化物、六价铬、铅、氰化物、挥发酚共 18 项。

固始县固始七一大桥上游 10 km、固始七一大桥、固始七一大桥下游 5 km、蒋集、固始(泉河入史河口)、霍邱赵台村,全年、汛期、非汛期均为Ⅲ类标准;灌河入史河口断面全年Ⅳ类标准,汛期为Ⅲ类标准,非汛期均为Ⅴ类标准。评价结果见表 2-35、表 2-36。

表 2-35　2015 年固始县主要河流断面水质监测评价成果

监测断面	水质类别			全年主要超标项目	汛期主要超标项目	非汛期主要超标项目
	全年	汛期	非汛期			
固始七一大桥上游 10 km	Ⅲ	Ⅲ	Ⅲ			
固始七一大桥	Ⅲ	Ⅲ	Ⅲ			
固始七一大桥下游 5 km	Ⅲ	Ⅲ	Ⅲ			
蒋集	Ⅲ	Ⅲ	Ⅲ			
霍邱赵台村	Ⅲ	Ⅲ	Ⅲ			
灌河入史河口	Ⅳ	Ⅲ	Ⅴ	氨氮		总磷、氨氮
固始(泉河入史河口)	Ⅲ	Ⅲ	Ⅲ			

表 2-36　固始县地表水质量评价结果(河长)

水期	水质功能	Ⅰ类	Ⅱ类	Ⅲ类	Ⅳ类	Ⅴ类	劣于Ⅴ类	合计
全年期	评价河长(km)	0	0	144	30	0	0	174
	占评价河长(%)	0	0	82.8	17.2	0	0	
汛期	评价河长(km)	0	0	174	0	0	0	174
	占评价河长(%)	0	0	100	0	0	0	
非汛期	评价河长(km)	0	0	144	0	30	0	174
	占评价河长(%)	0	0	82.8	0	17.2	0	

固始县饮用水源地位于史河徐嘴,属河流型,2015 年 10 月监测成果见表 2-37,评价结果表明符合生活饮用水标准。

表 2-37　固始县史河徐嘴水厂取水口水质监测成果

序号	检测项目	单位	监测结果
1	臭和味	—	无异臭、异味
2	肉眼可见物	—	无
3	pH 值	—	6.85
4	溶解性总固体	mg/L	350
5	总硬度	mg/L	102(以碳酸钙计)
6	氯化物	mg/L	15.3
7	硫酸盐	mg/L	26.5
8	氨氮	mg/L	0.15
9	硝酸盐氮	mg/L	1.2

续表 2-37

序号	检测项目	单位	监测结果
10	亚硝酸盐氮	mg/L	0.01
11	耗氧量	mg/L	2.5
12	氟化物	mg/L	0.36
13	六价铬	mg/L	<DL
14	挥发酚类(以苯酚计)	mg/L	<DL
15	氰化物	mg/L	<DL
16	砷化物	mg/L	<DL
17	汞	mg/L	<DL
18	铜	mg/L	<DL
19	铅	mg/L	<DL
20	锌	mg/L	0.01
21	镉	mg/L	<DL
22	铁	mg/L	0.11
23	锰	mg/L	0.01

2.4.1.5　地表水功能区水质达标分析

2015 年固始县共评价地表水功能区 7 个，评价河长 169 km。按照《地表水资源质量评价技术规程》(SL 395—2007)确定的水功能区评价方法，对照各水功能区水质目标进行评价，全指标达标 5 个，达标率 83.3%，达标河长 139 km，达标率 82.2%；双指标达标 5 个，达标率 83.3%，达标河长 139 km，达标率 82.2%。

本年度固始县近期国家考核水功能区有 4 个，均达标，达标率 100%，完成河南省政府制定的水功能区达标考核控制目标。水质监测断面及评价结果见表 2-38、表 2-39。

2.4.2　地下水水质评价

2.4.2.1　评价因子

根据《地下水质量标准》(GB/T 14848—2017)的要求，结合固始县地下水的实际情况，选择臭和味、肉眼可见物、pH 值、总硬度、溶解性总固体、硫酸盐、氯化物、铁、锰、铜、锌、挥发酚、高锰酸盐指数、硝酸盐氮、亚硝酸盐氮、氨氮、氟化物、氰化物、汞、砷、镉、六价铬、铅共 23 项作为地下水质的评价因子。

选择臭和味、肉眼可见物、pH 值、总硬度、溶解性总固体、硫酸盐、氯化物、铁、锰、铜、锌、挥发酚、硝酸盐氮、氟化物、氰化物、汞、砷、镉、六价铬、铅共 20 项作为饮用水源地水质的评价因子。

选择能反映固始县的地下天然水化学特征的监测项目：溶解性总固体、总硬度、钙、镁、钾钠、碳酸盐、重碳酸盐、硫酸盐、氯化物等参数作为本次水质评价参数。

表 2-38　固始县水功能区水质监测断面

序号	一级水功能区	二级水功能区	国家考核	流域	河流	起始断面	终止断面	长度（km）	水质目标	监测断面	位置
1	史河固始开发利用区	史河固始上游农业用水区	是	淮河	史河	固始县省界（安徽叶集下游 3.3 km）	固始七一大桥上游 10 km	25	Ⅳ	固始七一大桥上游 10 km	固始县柳树店乡柳营村
2	史河固始开发利用区	史河固始景观娱乐用水区	是	淮河	史河	固始七一大桥上游 10 km	固始七一大桥	10	Ⅲ	固始七一大桥	固始县城关七一大桥
3	史河固始开发利用区	史河固始排污控制区		淮河	史河	固始七一大桥	固始七一大桥下游 5 km	5		固始七一大桥下游 5 km	固始县沙河铺乡黄土村
4	史河固始开发利用区	史河固始下游农业、渔业用水区	是	淮河	史河	固始七一大桥下游 5 km	固始县三河尖入淮河口	45	Ⅲ	蒋集	固始县蒋家集大埠口蒋集水文站基本断面
5	史河豫皖缓冲区		是	淮河	史河	河南固始三河尖	安徽霍邱陈村（河口）	5	Ⅲ	霍邱赵台村（固始蚌山村）	安徽省霍邱县临水镇赵台村（河南固始县三河尖蚌山村）
6	灌河信阳开发利用区	灌河下游农业用水区		淮河	灌河	固始县马堽集镇	河南固始县入史河口	30	Ⅱ	入史河口	固始县洪埠乡马埠村
7	泉河皖豫保留区			淮河	泉河	安徽霍邱县河源	河南固始县入史河口	54	Ⅲ	固始（泉河入史河口）	固始县陈集乡泉河村泉河桥

表 2-39　固始县水功能区水质评价

序号	河流	水功能区名称	水质监测断面	河长（km）	水质目标	现状水质	双指标		国家考核
							是否达标	主要超标项目	
1	史河	史河固始上游农业用水区	固始七一大桥上游 10 km	25	Ⅳ	Ⅲ	是		达标
2	史河	史河固始景观娱乐用水区	固始七一大桥	10	Ⅲ	Ⅲ	是		达标
3	史河	史河固始排污控制区	固始七一大桥下游 5 km	5		Ⅲ			
4	史河	史河固始下游农业、渔业用水区	蒋集	45	Ⅲ	Ⅲ	是		达标
5	史河	史河豫皖缓冲区	霍邱赵台村	5	Ⅲ	Ⅲ	是		达标
6	灌河	灌河下游农业用水区	入史河口	30	Ⅱ	Ⅳ	否		
7	泉河	泉河皖豫保留区	固始（泉河入史河口）	54	Ⅲ	Ⅲ	是		

2.4.2.2　评价标准

地下水质量评价采用《地下水质量标准》（GB/T 14848—2017）Ⅲ类标准进行评价，依据我国地下水水质状况、人体健康基准值及地下水质量保护目标，并参照了生活饮用水、工业用水、农业用水水质要求，将地下水质量划分为五类。

Ⅰ类：主要反映地下水化学组分的天然低背景含量，适用于各种用途。

Ⅱ类：主要反映地下水化学组分的天然背景含量，适用于各种用途。

Ⅲ类：以人体健康基准值为依据。主要适用于集中式生活饮用水水源及工业用水、农业用水。

Ⅳ类：以农业用水和工业用水要求为依据。除适用于农业和部分工业用水外，适当处理后可作生活饮用水。

Ⅴ类：不宜饮用，其他用水可根据使用目的选用。

地下水水质监测项目、方法、质量标准见表 2-40。

表 2-40　地下水质量标准(GB/T 14848—2017)摘录

序号	指标	Ⅰ类	Ⅱ类	Ⅲ类	Ⅳ类	Ⅴ类
一、感官性状和一般化学指标						
1	嗅和味	无	无	无	无	有
2	肉眼可见物	无	无	无	无	有
3	pH	6.5≤pH≤8.5			5.5≤pH<6.5, 8.5<pH≤9.0	pH<5.5 或 pH>9.0
4	总硬度(以 $CaCO_3$ 计)(mg/L)	≤150	≤300	≤450	≤650	>650
5	溶解性总固体(mg/L)	≤300	≤500	≤1 000	≤2 000	>2 001
6	硫酸盐(mg/L)	≤50	≤150	≤250	≤350	>350
7	氯化物(mg/L)	≤50	≤150	≤250	≤350	>350
8	铁(mg/L)	≤0.1	≤0.2	≤0.3	≤2.0	>2.0
9	锰(mg/L)	≤0.05	≤0.05	≤0.1	≤1.5	>1.5
10	铜(mg/L)	≤0.01	≤0.05	≤1.0	≤1.5	>1.5
11	锌(mg/L)	≤0.05	≤0.5	≤1.0	≤5.0	>5.0
12	挥发酚类(以苯酚计)(mg/L)	≤0.001	≤0.001	≤0.002	≤0.01	>0.01
13	耗氧量(COD_{Mn}法,以 O_2计)(mg/L)	≤1.0	≤2.0	≤3.0	≤10	>10
14	氨氮(以 N 计)(mg/L)	≤0.02	≤0.1	≤0.5	≤1.5	>1.5
二、毒理学指标						
15	亚硝酸盐(以 N 计)(mg/L)	≤0.01	≤0.1	≤1.0	≤4.8	>4.8
16	硝酸盐(以 N 计)(mg/L)	≤2.0	≤5.0	≤20	≤30	>30
17	氰化物(mg/L)	≤0.001	≤0.01	≤0.05	≤0.1	>0.1
18	氟化物(mg/L)	≤1.0	≤1.0	≤1.0	≤2.0	>2.0
19	汞(mg/L)	≤0.000 1	≤0.000 1	≤0.001	≤0.002	>0.002
20	砷 (mg/L)	≤0.001	≤0.001	≤0.01	≤0.05	>0.05
21	镉(mg/L)	≤0.000 1	≤0.001	≤0.005	≤0.01	>0.01
22	铬(六价)(mg/L)	≤0.005	≤0.01	≤0.05	≤0.1	>0.1
23	铅(mg/L)	≤0.005	≤0.05	≤0.01	≤0.1	>0.1

地下水源地的生活饮用水质量评价采用《生活饮用水卫生标准》(GB 5749—2006)标

准进行评价,饮用水质量评价标准见表 2-34。

2.4.2.3 评价方法

地下水环境质量评价方法按照《地下水质量标准》(GB/T 14848—2017)规定的评价方法,进行水质综合评价。比较各项评价因子水质级别,选取所有评价因子最大水质级别作为该监测井的综合水质类别。统计评价区内各类别井数占总监测井数的百分比,来表征评价地下水水质状况。

地下饮用水源地饮用水质量评价方法根据《生活饮用水卫生标准》(GB 5749—2006)进行评价,所有监测因子中有任何一项超标,可认为该水源地水质不符合饮用要求。

2.4.2.4 监测井点的选择

根据河南省水环境监测中心信阳分中心提供的固始县地下水水质资料,本次地下水评价共布设 2 个监测井,其中城市供水水源地 1 个。主要采用 2015 年度的水质监测资料,作为评价固始县地下水水质的依据。

2.4.2.5 评价结果

1.地下水化学特征评价

根据固始县 2015 年地下水水质监测资料,进行地下水化学类型分析。

地下水化学类型的舒卡列夫分类是根据地下水中 6 种主要离子(Na^+、Ca^{2+}、Mg^{2+}、HCO_3^-、SO_4^{2-}、Cl^-,K^+合并于 Na^+)及矿化度划分的。具体步骤如下:

(1)根据水质分析结果,将 6 种主要离子中含量大于 25%毫克当量的阴离子和阳离子进行组合,可组合出 49 型水,并将每型水用一个阿拉伯数字作为代号(见表 2-41)。

表 2-41 舒卡列夫分类图表

超过 25%毫克当量的离子	HCO_3	HCO_3+SO_4	HCO_3+SO_4+Cl	HCO_3+Cl	SO_4	SO_4+Cl	Cl
Ca	1	8	15	22	29	36	43
Ca+Mg	2	9	16	23	30	37	44
Mg	3	10	17	24	31	38	45
Na+Ca	4	11	18	25	32	39	46
Na+Ca+Mg	5	12	19	26	33	40	47
Na+Mg	6	13	20	27	34	41	48
Na	7	14	21	28	35	42	49

(2)按矿化度(M)的大小划分为 4 组。

A 组——$M \leqslant 1.5$ g/L;

B 组——$1.5 < M \leqslant 10$ g/L;

C 组——$10 < M \leqslant 40$ g/L;

D 组——$M > 40$ g/L。

(3)将地下水化学类型用阿拉伯数字(1~49)与字母(A、B、C 或 D)组合在一起的表达式表示。例如,1—A 型,表示矿化度(M)不大于 1.5 g/L 的 HCO_3-Ca 型水,沉积岩地区典型的溶滤水;49—D 型,表示矿化度大于 40 g/L 的 Cl-Na 型水,该型水可能是与海水及海相沉积有关的地下水,或是大陆盐化潜水。

选用钾和钠、钙、镁、重碳酸盐、氯化物、硫酸盐及矿化度等项目,进行地下水化学分类。

固始县地下水化学类型,2 号井为 1—A 型,固始水源地为 4—A 型。

2.地下水现状水质评价

按照《地下水质量标准》(GB/T 14848—2017)进行综合评价,结果显示:固始 6 号为地下水Ⅳ类标准(满足工业、农业用水,适当处理后可作为生活饮用水),锰和氨氮超标;固始水源地符合地下水Ⅲ类标准(满足生活及工业、农业用水)。

第3章　水资源开发利用状况

3.1　水资源开发利用历程

固始县地处河南省东南端，是拥有百万人口的农业大县，水利对全县的工农业生产及国民经济发展起到了极其重要的作用。固始县自古就有兴修水利的传统，自楚相孙叔敖修建期思陂之后，历代各朝都在这里进行或多或少的水利建设，使当地有“百里不求天灌区”的美誉。

多年来固始县政府把水利作为基础产业和群众脱贫致富的突破口来抓。持续开展了大规模治淮和水利基本建设，兴建了横贯全县的工程设施，形成了外洪能挡、内涝能排、遇旱能灌的水利工程体系，极大地改善了全县的农业基础条件。

3.2　供水现状分析

3.2.1　供水设施与可供水量

3.2.1.1　供水工程情况

供水基础设施分为地表水供水工程（包括蓄水工程、引水工程、提水工程、调水工程四部分）、地下水供水工程（包括工业、生活用水机井和农业用水机井三部分）和其他水资源供水工程（主要包括污水处理再利用工程）。在地表水供水工程中，蓄水工程是指水库和塘坝（不包括专为引水、提水工程修建的调节水库），引水工程指从河道、湖泊等地表水体自流引水的工程（不包括从蓄水、提水工程中引水的工程），提水工程指利用扬水泵站从河道、湖泊等地表水体提水的工程（不包括从蓄水、引水工程中提水的工程），调水工程指水资源一级区或独立流域之间的跨流域调水工程，蓄水、引水、提水工程中均不包括调水工程的配套工程。

3.2.1.2　地表水供水工程

地表水供水工程主要包括蓄水工程、引水工程及灌区工程和提水工程。

1. 蓄水工程

固始县境内仅有小型水库61座，塘堰坝41 630处，总蓄水能力达到1.725亿m^3，见表3-1。

表 3-1　固始县蓄水工程统计

市(县)	已建成蓄水工程(座)					已建成蓄水工程总库容(万 m^3)				
	合计	大型水库	中型水库	小型水库	塘堰坝	合计	大型水库	中型水库	小型水库	塘堰坝
固始县	41 691			61	41 630	21 409			4 159	17 250

固始县蓄水工程设计与2015 年实际供水能力统计见表 3-2。

表 3-2　固始县蓄水工程设计与 2015 年实际供水能力统计　(单位:万 m^3)

市(县)	已建成蓄水工程年设计供水能力					已建成蓄水工程年实际供水能力					上年实际供水能力
	合计	大型水库	中型水库	小型水库	塘堰坝	合计	大型水库	中型水库	小型水库	塘堰坝	
固始县	12 052			2 620	9 432	8 406			1 834	6 572	8 436

2. 引水工程及灌区工程

引水工程是指直接从自然河道引水自流的水利工程。现状年固始县引水工程 68 处,其中,引水设施 18 处,灌区 50 处。具体见表 3-3。

表 3-3　2017 年固始县引水工程统计

市(县)	引水设施	灌区数量	合计
固始县	18	50	68

现状年固始县引水设施 18 处,年设计供水能力 1.175 5 亿 m^3,年实际供水能力 0.825 2 亿 m^3。

全县已建成万亩以上灌区 7 处,设计灌溉面积 185.08 万亩,其中设计灌溉面积 50 万亩以上 2 处,分别是梅山灌区、鲇鱼山灌区,详见表 3-4。

表 3-4　固始县万亩以上灌区一览

灌区名称	灌区管理单位名称	受益地(市、县)	水源名称	灌区规模	年灌溉引提水量(万 m^3)	灌溉面积(万亩)		
						设计	有效	实际
鲇鱼山灌区	鲇鱼山灌区管理处	小计	鲇鱼山水库	大 1 型	15 100	143.01	128.66	107.21
		商城县			5 000	26.99		20.22
		潢川县				38.15		28.61
		固始县			10 100	77.87		58.38
梅山灌区	梅山灌区管理处	小计	梅山水库	大 2 型	10 551	98.50	69.71	66.15
		固始县			10 551	98.00		66.15
		商城县				0.50		0

续表 3-4

灌区名称	灌区管理单位名称	受益地（市、县）	水源名称	灌区规模	年灌溉引提水量（万 m^3）	灌溉面积（万亩）		
						设计	有效	实际
石庙灌区	石庙灌区管理所	固始县	沣西干渠	小 1 型	290	1.49	0.68	0.65
锁口灌区	锁口灌区管理所	固始县	锁口水库	小 1 型	185	1.20	0.80	0.54
夏河湾灌区	夏河湾灌区管理所	固始县	夏河湾水库	小 1 型	60	1.73	1.22	0.12
独山堰灌区	独山堰灌区管理所	固始县	石槽河	小 1 型	200	2.39	0.32	0.32
亮山灌区	亮山灌区管理所	固始县	急流涧河	小 1 型	135	2.40	0.21	0.21
固始县						185.08		126.37

1）鲇鱼山灌区

鲇鱼山灌区 1972 年开始兴建，1976 年全部开灌。灌区位于河南省固始县西南部，由烟北头及马堽 2 座拦河枢纽，以及总干渠、中干渠、西干渠、东干渠、下马河、马堽干渠共 6 条干渠、88 条支渠和相应的排水设施、斗农毛渠等田间工程和 10 座电灌站组成。其中：干渠总长 292.41 km，各类建筑物 973 座，支渠总长 425.2 km。设计灌溉面积 143.01 万亩，自流灌溉 136.57 万亩，提灌 6.43 万亩，有效灌溉面积 128.66 万亩。灌溉范围涉及商城、潢川、固始 3 县 30 个乡（镇），灌区总人口 86.5 万人。灌区水源由鲇鱼山水库、枢纽以上区间径流、小型水库及塘、湖、堰、坝组成。

2）梅山灌区

梅山灌区位于河南省固始县中南部，由 1 条总干渠，中、东、西、南 4 条干渠，31 条支渠，600 条斗农渠及黎集拦河坝枢纽组成。

灌区灌溉安徽、河南两省的金寨、霍邱、六安、固始、商城五县土地，设计灌溉面积 383 万亩，其中设计灌溉河南省的面积为 117.43 万亩（含沣西灌区河南部分），自流灌溉 110.03 万亩，提灌 7.4 万亩，有效灌溉面积 69.705 万亩，灌溉保证率 75%。水源主要由梅山水库供给，经豫皖两省协议，豫皖两省供水比例为 1∶2.7，对河南省年均供水限额为 2.2 亿～2.5 亿 m^3，不足部分，通过黎集拦河枢纽调蓄区间径流补充。受益范围涉及固始、商城两县 75 个乡 342 个行政村，其中以固始县为主。灌区水源由梅山水库、黎集枢纽以上区间径流、小型水库及塘、湖、堰、坝、地下水等几部分组成。

3. 提水工程

根据水利普查资料统计，现状年固始县提水泵站 811 处，装机容量 1.295 万 kW，年设计供水能力 2 516 万 m^3，年实际供水能力 2 003 万 m^3，详见表 3-5、表 3-6。

表 3-5　固始县 2015 年取排水泵站设施统计

市(县)	取水泵站工程处数	装机容量(万 kW)	年设计供水能力(万 m^3)	年实际供水能力(万 m^3)	排水泵站工程处数	排水泵站装机容量(万 kW)	排水泵站年实际排水能力
固始县	811	1.295	2 516	2 003	1	0.078	259

表 3-6　固始县万亩以上机电灌站统计

市(县)	机电灌站			机灌站			电灌站			提水流量(m^3/s)		灌溉面积(万亩)	
	处	台	kW	处	台	马力	处	台	kW	设计	现有	设计	现有
固始县	6	24	1 760				6	24	1 760	6.96	4.32	11.97	4.8

3.2.1.3　地下水供水工程

固始县现有机电井 137 821 眼,其中规模以上浅层井 473 眼,规模以下浅层井 137 348 眼。

3.2.1.4　其他水资源供水工程

固始县其他水资源供水工程主要为生活污水处理再利用工程。固始县共有已运行污水处理厂 3 座。

(1)固始县污水处理厂位于固始国营农场五队,日处理污水 4 万 m^3,2006 年 12 月建成。服务面积 17 km^2,服务人口 20 万人。目前,实际日处理生活污水 3.2 万 m^3,运行正常,排放达标。

(2)固始县产业聚集区污水处理厂位于固始县 204 省道迎水大桥西侧,日处理污水 3.5 万 m^3,2014 年 10 月建成。服务面积 19.1 km^2,服务人口为固始县北环路以西,新西环路以东、百川路以西、312 国道以北居民。目前,实际日处理生活污水 3.0 万 m^3,排放达标。

(3)固始县史河湾产业集聚区污水处理厂位于固始县史河湾产业聚集区,设计排污能力 2 万 m^3/d。年排放废污水总量 18.98 万 m^3。服务面积 4.9 km^2,服务人口 2 万人。

表 3-7　再利用工程情况调查

污水处理厂名称	废污水处理设施类型	处理能力(万 m^3/d)	现状 2015 年处理量(万 m^3)	再利用情况
固始县污水处理厂	生活废水	4	3.2	城区绿化、浇洒道路等
固始县产业聚集区污水处理厂	生产污水,生活污水	3.5	3.0	工业回用
固始县史河湾产业集聚区污水处理厂	生活污水,混合污水	2	1.04	

3.2.2 现状供水量与构成

根据《固始县水资源公报》，2017 年固始县各类供水工程总供水量为3.807 5亿 m^3，比 2016 年 3.998 1 亿 m^3 减少了 5.0%。其中，地表水源供水量为 3.590 2 亿 m^3，占总供水量的 94.3%；地下水源供水量为 0.217 3 亿 m^3，占总供水量的 5.7%。

2017 年固始县供水量详见表 3-8。

表 3-8　2017 年固始县行政分区供水量

项目	地表水源				地下水源			总计
	蓄水	引水	提水	小计	浅层水	深层水	小计	
供水量（亿 m^3）	2.421 0	1.017 1	0.152 1	3.590 2	0.217 3	0	0.217 3	3.807 5
占比（%）	63.6	26.7	4.0	94.3	5.7	0	5.7	100.0

地表水供水按工程类型分：蓄水工程 2.421 0 亿 m^3，引水工程1.017 1亿 m^3，提水工程 0.152 1 亿 m^3，分别占地表水供水总量的 63.6%、26.7% 和 4.0%，如图 3-1 所示。

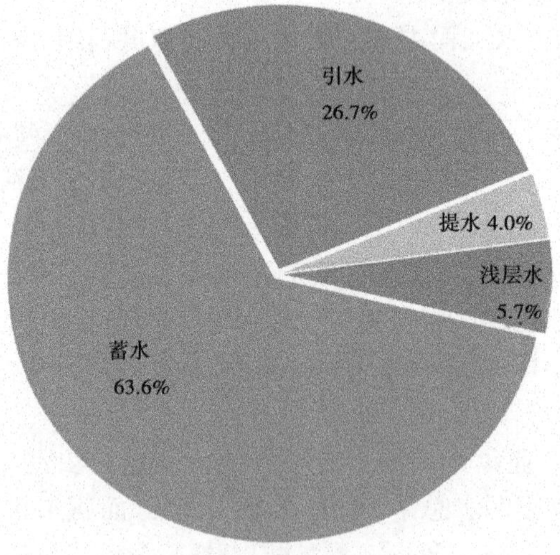

图 3-1　2017 年固始县供水结构

3.3 供用水量

3.3.1 用水量

用水量是指分配给用户的包括输水损失在内的毛用水量，按农业用水、工业用水、居民生活用水、城镇公共用水、生态环境补水五大类统计。农业用水包括农田灌溉用水和林牧渔畜用水，工业用水指取用的新水量（不包括企业内部的重复用水量），居民生活用水包括城镇居民、农村居民用水，城镇公共用水包括建筑业、服务业用水，生态环境补水包括城镇环境补水和农村生态补水。

2017 年固始县总用水量为 3.807 6 亿 m^3（其中地下水量 0.217 3 亿 m^3），与 2016 年 3.998 1 亿 m^3 相比减少了 0.190 6 亿 m^3。

按行业分：农田灌溉用水量为 2.629 4 亿 m^3，占总用水量 69.1%；林牧渔畜用水量为 0.156 0亿 m^3，占总用水量 4.1%；工业用水量为 0.255 6 亿 m^3（其中地下水 0.065 2 亿 m^3），占总用水量的 6.7%；城镇公共用水量为 0.131 6 亿 m^3，占总用水量的 3.5%，其中建筑业用水量为 0.070 4 亿 m^3，服务业用水量为 0.061 2 亿 m^3；居民生活用水量为 0.481 6 亿 m^3（其中地下水 0.152 1 亿 m^3），占总用水量的 12.6%，其中城镇居民生活用水量为 0.295 5 亿 m^3，农村居民生活用水量为 0.186 1 亿 m^3；生态环境用水量为 0.153 3 亿 m^3，占总用水量的 4.0%，其中城镇环境用水量为 0.058 3 亿 m^3，河湖补水量为 0.095 0 亿 m^3。

2017 年固始县用水情况详见表 3-9。

表 3-9　2017 年固始县用水量统计

项目	农田灌溉	林牧渔畜	工业	城镇公共	居民生活	生态环境	合计
用水量（亿 m^3）	2.629 4	0.156 0	0.255 6	0.131 6	0.481 6	0.153 3	3.807 5
占比（%）	69.1	4.1	6.7	3.5	12.6	4.0	100

与上年比较，固始县总用水量减少了 4.77%，其中农田灌溉减少了0.161 6亿 m^3，林牧渔畜用水量增加了 0.009 4 亿 m^3，工业用水减少了 0.004 1 亿 m^3，城镇公共用水减少了 0.059 0 亿 m^3，居民生活用水增加了 0.028 2 亿 m^3，生态环境用水量减少了 0.003 4 亿 m^3。由于全县水源条件、产业结构、生活水平和经济发展状况不同，其用水量和组成也不同，用水情况与 2016 年对比情况详见图 3-2。

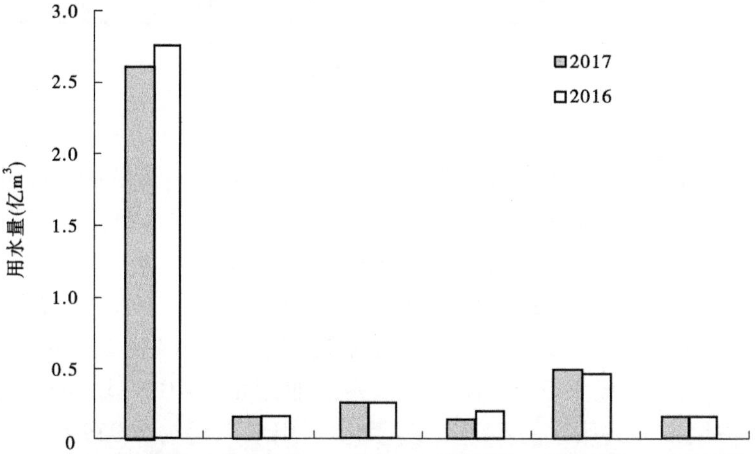

图 3-2　固始县 2017 年与 2016 年用水量对比

3.3.2 现状用水水平

2017 年固始县人均用水量(常住人口)为 349.3 m^3,大于信阳市当年人均用水量 258 m^3和河南省当年人均用水量 245 m^3。

2017 年固始县万元 GDP(当年价)用水量 97.4 m^3,远远大于信阳市当年万元 GDP 用水量 53.7 m^3和河南省当年万元 GDP 用水量 40 m^3。

2017 年固始县万元工业增加值用水量 31.1 m^3,与信阳市当年万元工业增加值用水量 34.1 m^3基本持平,比全省当年万元工业增加值用水量(含火电)26.0 m^3大。

2017 年农田实际灌溉综合亩均用水量 170 m^3,和信阳市当年实际灌溉亩均用水量 164 m^3基本持平,大于全省当年实际灌溉亩均用水量 159 m^3。

2017 年固始县城镇生活综合用水指标 210 L/(人·d),大于信阳市当年城镇生活综合用水量 183 L/(人·d)和全省当年城镇生活综合用水量 189 L/(人·d)(含城市环境,不含河湖补水)。

2017 年固始县农村人畜综合用水指标 115.8 L/(人·d),与信阳市当年农村居民用水指标 88 L/(人·d)基本持平,小于全省当年农村居民用水指标(含牲畜用水)96 L/(人·d)基本持平。

现状年用水水平对比见表 3-10。

表 3-10　现状年用水水平对比

分区名称	农村生活用水定额(不含牲畜用水)[L/(人·d)]	农田灌溉用水定额(m^3/亩)	城镇生活综合用水定额[L/(人·d)]	万元工业增加值用水量(m^3/万元)
固始县	79.5	170	210	31.1
信阳市	88	164	183	34.1
河南省	73	159	189	26.0

3.3.3 耗水量及耗水率

用水消耗量是指在输水、用水过程中,通过蒸发、土壤吸收、产品带走、居民和牲畜饮用等各种形式消耗掉,而不能回归到地表水体和地下含水层的水量。灌溉消耗量为毛用水量与地表、地下回归水量之差,工业和生活用水消耗量为取水量与废污水排放量之差。

2017 年固始县用水消耗总量 1.730 7 亿 m^3,总耗水率 45.5%,其中农业用水消耗为 1.194 0亿 m^3,占农业用水的 45.4%;林牧渔畜业用水消耗为0.114 1亿 m^3,占林牧渔畜业用水 73.1%;工业用水消耗为 0.051 1 亿 m^3,占工业用水 20.0%;城镇公共用水消耗为 0.058 0 亿 m^3,占城镇公共用水的 44.1%;居民生活用水消耗为 0.239 6 亿 m^3,占居民生活用水的 49.8%;生态环境用水消耗 0.073 9 亿 m^3,占生态环境用水的 18.2%。各分项耗水量分别占耗水总量的 68.99%、6.59%、2.95%、3.35%、13.84%、4.27%。由于各类用户的需水特性和用水方式的差异,其消耗量占用水量的百分比(简称耗水率)差别较大。2017 年固始县耗水率、耗水量统计见表 3-11。

表 3-11　2017 年固始县耗水率、耗水量统计

农田灌溉						林牧渔畜				工业	
水田		水浇地		菜田		林牧渔灌溉及补水		牲畜		非火(核)电工业	
耗水率	耗水量	耗水率	耗水量	耗水率	耗水量	耗水率	耗水量	耗水率	耗水量	耗水率	耗水量
0.45	11 662	0.7	92	0.75	186	0.41	291	1	849	0.2	511
城镇公共				居民生活				生态环境		总计	
建筑业		服务业		城镇		农村		城镇环境			
耗水率	耗水量	耗水率	耗水量	耗水率	耗水量	耗水率	耗水量	耗水率	耗水量	耗水率	耗水量
0.65	457	0.20	122	0.20	591	0.97	1 805	0.78	454	0.30	285

注：表中耗水量的单位为万 m^3。

农村生活用水由于用水分散没有排水系统，一般就地排放而被蒸发，所以其耗水率一般都为 97%，城市生活耗水率只有 20% 左右，乡镇生活耗水率介于二者之间。

3.3.4　现状用水量与“三条红线”控制指标对比

为深入贯彻落实《中共中央 国务院关于加快水利改革发展的决定》(中发〔2011〕1 号)和《国务院关于实行最严格水资源管理制度的意见》(国发〔2012〕3 号)精神，河南省人民政府于 2013 年 12 月 23 日出台了《关于实行最严格水资源管理制度的实施意见》(豫政〔2013〕69 号)，河南省水利厅根据中央一号文件，结合《河南省水资源综合规划》配置方案，提出了确立水资源开发利用控制红线，建立取用水总量控制指标体系；确立用水效率控制红线，坚决遏制用水浪费，把节水工作贯穿于经济社会发展和群众生产生活全过程；确立水功能区限制纳污红线，从严核定水域纳污容量，严格控制入河湖排污总量。

2016 年，万元工业总产值用水量首次列入考核范围。根据河南省 2016～2020“三条红线”年度计划指标分解表，固始县 2017 年用水总量控制在 4.15 亿 m^3 以内；万元 GDP 用水量控制指标为 98.9 m^3/万元；万元工业增加值用水量降至 33.8 m^3/万元，农业灌溉用水有效利用系数 0.542；水功能区达标率 100%，见表 3-12。固始县指标均满足红线要求。

表 3-12　2017 年固始县控制指标

市(县)	用水总量(亿 m^3)		万元 GDP 用水总量(m^3/万元)		万元工业增加值用水总量(m^3/万元)		灌溉水利用系数		水功能区达标率	
	现状值	控制指标	现状值	控制指标	现状值	控制指标	现状值	控制指标	现状值	控制指标
固始县	3.807 5	4.15	97.4	98.9	31.1	33.8	0.550	0.542	100%	100%

3.4　水资源开发利用评价

根据2013～2017年固始县水资源公报数据，分别从供水、用水、耗水和用水指标四个方面分析其2013～2017年水资源开发利用趋势。

3.4.1　供水变化

根据表3-13所示结果，固始县2013～2017年供水量较稳定，多年平均供水量为3.807 5亿m^3，供水结构基本稳定，以地表水供水为主，2013～2017年地下水供水比例逐年降低，供水结构逐年优化；地表水供水主要以蓄引水工程供水为主，提水工程为辅。

表3-13　固始县2013～2017年供水变化趋势分析　（单位：万m^3）

年份	地表水源供水量				地下水源供水量	总供水量
	蓄水	引水	提水	小计	浅层水	
2013	9 751	10 822	9 334	29 907	6 614	36 521
2014	7 735	10 822	9 358	27 915	2 786	30 701
2015	13 626	12 620	6 816	33 062	2 453	35 515
2016	25 693	10 180	1 772	37 645	2 336	39 981
2017	24 210	10 171	1 521	35 902	2 173	38 075
多年平均	16 203	10 923	5 760	32 886	3 272	36 158

3.4.2　用水变化

根据表3-14所示结果，固始县2013～2017年用水量稳定，多年平均用水量为3.615 9亿m^3；多年平均农业用水量占总用水量的比例为75.3%，占比最大，见图3-3。

表3-14　固始县2013～2017年用水变化趋势分析　（单位：万m^3）

年份	农业用水量				工业用水量	生活用水量					人工生态与环境补水量	总用水量	
	耕地灌溉	鱼塘补水	牲畜用水	小计		城镇居民	农村居民	建筑业	服务业	小计		合计	其中地下水
2013	26 772	1 182	746	28 700	2 968	1 986	1 567	611	329	4 493	360	36 521	6 614
2014	21 730	922	624	23 276	3 000	1 789	1 411	600	275	4 075	350	30 700	2 786
2015	25 607	775	624	27 006	2 928	2 406	1 688	842	454	5 390	191	35 515	2 453
2016	27 911	617	849	29 377	2 597	2 767	1 767	1 188	718	6 440	1 567	39 981	2 336
2017	26 327	679	849	27 855	2 556	2 955	1 861	704	612	6 132	1 533	38 075	2 173
多年平均	25 669	835	738	27 242	2 810	2 381	1 659	789	477	5 306	800	36 159	3 272

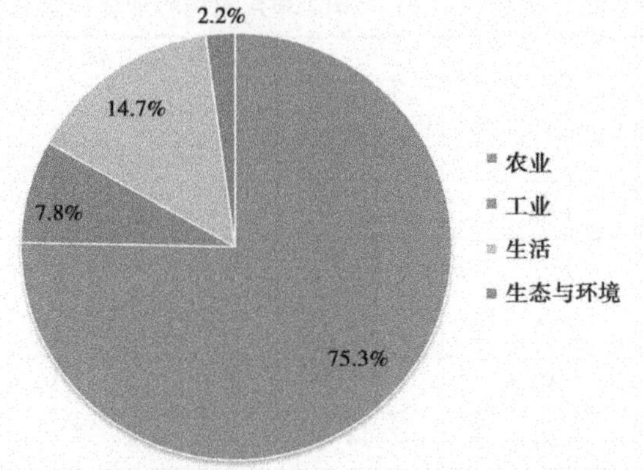

图 3-3 固始县多年平均(2013 ~ 2017 年)用水结构

3.4.3 耗水变化

根据表 3-15 所示结果,固始县 2013 ~ 2017 年耗水基本稳定,多年平均耗水量为 16 343万 m^3,平均耗水率为 45.2%;其中多年平均农业耗水量 12 712 万 m^3,耗水率为 46.6%;多年平均工业耗水量为 590 万 m^3,耗水率为 21.0%;多年平均生活耗水量为 2 652 万 m^3,耗水率为 50.2%;人工生态与环境耗水量为 389 万 m^3,耗水率为 63%,生活耗水率最高。

表 3-15 固始县 2013 ~ 2017 年耗水变化趋势分析 (单位:万 m^3)

年份	农业		工业		生活		人工生态与环境		合计	
	耗水量(万 m^3)	耗水率(%)	耗水量(万 m^3)	耗水率(%)	耗水量(万 m^3)	耗水率(%)	耗水量(万 m^3)	耗水率(%)	耗水量(万 m^3)	耗水率(%)
2013	13 329	46.4	627	21.1	2 335	52.0	281	78	16 572	45.4
2014	10 821	46.5	626	20.9	2 124	52.1	273	78	13 844	45.1
2015	12 511	46.3	614	21.0	2 681	49.7	149	78	15 955	44.9
2016	13 662	46.5	545	21.0	3 165	49.2	628	40	18 000	45.0
2017	13 238	47.5	537	21.0	2 957	48.2	613	40	17 345	45.6
多年平均	12 712	46.6	590	21.0	2 652	50.2	389	63	16 343	45.2

3.4.4 用水指标变化

根据表 3-16 所示结果,固始县 2013 ~ 2017 年用水指标变化稳定,其中用水效率指标万元 GDP 用水量指标、万元工业增加值用水量指标和农田灌溉用水量指标均呈现逐年降低的趋势,到 2017 年,万元 GDP 用水量为 97.4 m^3,万元工业增加值用水量为 31.1 m^3。

表 3-16　固始县 2013 ~ 2017 年用水指标变化趋势分析

年份	人均综合用水量 (m^3/人)	城市居民生活 [L/(人·d)]	农村生活 [L/(人·d)]	万元 GDP 用水量 (m^3/万元)	万元工业增加值用水量 (m^3/万元)	农田灌溉用水量 (m^3/亩)
2013	342.7	140.7	60.9	150	44.8	193.2
2014	286.5	129.1	55.9	118	41.4	151.1
2015	329.1	131.3	68.5	124.5	36.4	177.7
2016	367.5	137.5	73.2	124.1	31.4	189.3
2017	349.3	140.4	79.5	97.4	31.1	170.0

3.4.5　水资源开发利用程度

水资源利用程度一般采用地表水利用率和水资源总量利用消耗率等指标来反映。地表水利用率是指境内地表水利用和调出水量占地表水资源量的百分比；水资源总量利用消耗率是指消耗境内产水量和调出水量占水资源总量的百分比。

根据固始县 2013 ~ 2017 年水资源量和供用水情况，并考虑出入境水量，水库蓄水变量和地下水储存变量等因素影响，经分析估算，固始县地表水开发利用率为 10.6%，属于低度开发利用区，固始县地表水开发利用具有很大潜力。固始县各行政分区水资源利用情况见表 3-17。

表 3-17　固始县行政分区水资源利用程度分析

市(县)	用水量 (亿 m^3)	本地用水量 (亿 m^3) (扣除梅山及鲇鱼山)	水资源总量 (亿 m^3)	地表水资源量 (亿 m^3)	水资源总量利用消耗率 (%)	地表水资源量开发利用率 (%)
固始县	3.615 8	1.664 5	14.244 7	12.537 9	11.6	10.6

3.5　开发利用存在问题分析

(1) 水资源总量较为丰富，存在工程类缺水情况。

固始县多年平均水资源总量为 14.244 7 万 m^3，现状人均水资源量为 804 m^3（按 2017 年人口计算），是全国人均水资源量的 1/2。境内水量较为丰富，但供水工程的供水能力有限，不能满足城市用水需要。灌溉主要靠引用梅山水库及鲇鱼山水库水。水资源开发利用率不足 10%，属于工程类缺水地区。必须进一步提高固始县的水资源调蓄能力，保障区域供水、用水安全。

(2) 城市供水管网漏损率较高，节水潜力大，全民节水意识有待加强。

固始县城市管网漏失率为 22.5%，多数乡（镇）给水管网未形成系统；城区管网缺乏系统性，管网布置多为枝状，管径较小，不适应城市建设的发展，供水的水量、水压，供水的可靠性和安全性保障不足；同时全民节水意识不强，节水投入不足，节水机制不健全，部分工业企业生产设施落后，水的重复利用率偏低，节水工作缺乏一套适应市场经济的运行模式。

固始县应加强水资源规划管理，新增和改造城镇供水设施，改进水厂现有制水工艺，进一步整合供水管网，提高供水覆盖率，保证用户供水安全可靠的同时，积极引导、推动、加强广大用水户的节水意识。

(3)废污水处理力度不够。

固始县现状年污水排放量为 0. 533 3 亿 m^3，按照全县污水处理量计算，污水处理率仅 20%，尚存在企业环保意识薄弱，污水排放设施不完备，污水处理不达标排放等问题。中水处理率偏低，利用率偏低。

(4)农村饮水安全性有待提升。

农村供水工程水质检测设备有待完善，水质检测方式落后，尚存在不检测现象，农村居民集中供水安全性较低。需要加强污水处理和再生水利用，加强企业环保意识，加大饮用水水源保护，加强农村供水工程水质监测力度，提升水质监测水平，保障农村居民饮水安全。

(5)用水效率。

河南省相对用水效率偏低。2017 年固始县万元 GDP 用水量 97. 4 m^3，远远大于河南省当年万元 GDP 用水量 40 m^3。

第 4 章　规划指导思想与目标任务

4.1　指导思想与基本原则

4.1.1　指导思想

全面贯彻党的十九大精神，以邓小平理论和“三个代表”重要思想为指导，深入贯彻落实科学发展观，围绕固始县建设豫皖交界区域性中心城市的目标，以提高城乡人民生活水平为根本出发点和落脚点，把治水作为基础设施建设的优先领域，把农田水利作为农村基础设施建设的重点任务。把严格水资源管理作为加快转变经济发展方式的战略举措，通过水资源的全面节约、有效保护、优化配置、合理开发、高效利用、综合治理和科学管理，着力解决影响和制约经济社会发展的水问题。兴利除害结合、防灾减灾并举、统筹兼顾、标本兼治、政府社会协同，进一步集中力量加强治水建设，全面提高固始县水资源承载力；着力提高水旱灾害综合防御能力、水资源合理配置和高效利用能力、水土资源保护能力、水资源社会管理和高效利用能力；保障防洪安全、供水安全、生态安全和粮食安全，为经济社会持续发展和社会和谐稳定提供坚实保障。

4.1.2　规划原则

(1)资源环境承载能力与经济社会协调发展原则。资源环境与经济社会是一个相互依赖的整体，经济社会发展应该与水环境与资源的承载能力相协调，水资源开发利用要与经济社会发展的目标、规模、水平和速度相适应，充分考虑城乡发展、生产力布局、产业结构调整以及生态环境建设，统筹规划水资源的开发、利用、治理、配置、节约、保护、管理，协调处理上下游、左右岸、干支流、城市与农村、开发与保护、建设与管理、近期与远期等关系。通过健全制度、落实责任、提高能力、强化监管，严格控制用水总量，全面提高用水效率，严格控制入河湖排污总量，加快节水型社会建设，推动经济社会发展与水资源水环境承载能力相协调，保障经济社会长期平稳较快发展。

(2)兼收并蓄，统筹兼顾原则。本规划编制充分吸收各相关规划的理念、技术、方法和已有规划成果。深入分析与协调水利改革发展十三五规划、信阳市节水型社会建设十三五规划、固始县国民经济和社会发展第十三个五年规划等的目标要求，在河南省地表水、地下水、其他水源用水指标等有关指标约束条件下寻求既满足现阶段经济社会发展要求，又能为未来资源环境可持续发展留足空间的最优水资源开发利用方式。

(3)保护优先，合理布局原则。本规划编制充分考虑区域水资源环境本底状况，根据各地水资源状况和经济社会发展条件，确定适合本地实际的水资源开发利用与保护模式及对策，明确水资源开发、利用、治理、配置、节约、保护的重点。坚持人水和谐，尊重自然规律和经济社会发展规律，处理好水资源开发与保护的关系，以水定需、量水而行、因水制宜；同时，坚持经济社会与资源环境、生态协调发展，确保形成用途清晰、功能明确的水开发利用保护空间格局。

(4)因地制宜，推陈出新的原则。根据全县水资源状况和经济社会条件，确定适合当地实际的水资源开发利用模式；应用先进的科学技术，提高规划的科技含量和创新能力。要运用现代化的技术手段、技术方法和规划思想，科学配置水资源，缓解面临的主要水资源问题。坚持改革创新，完善水资源管理体制和机制，改进管理方式和方法。

(5)高效利用与可持续利用相结合的原则。坚持新时期“节水优先、空间均衡、系统治理、两手发力”的治水总体方针，处理好水污染治理与经济转型发展、产业结构调整之间的关系，以节水优先，治污为本，还要多渠道利用当地水资源，合理配置地表水与地下水、当地水与外流域调水、常规水源与非常规水源等多种水源，对需求与供水进行合理安排，提高水资源利用效率。严格水资源管理作为加快转变经济发展方式的战略举措，实行最严格水资源管理制度，确立水源开发利用控制、用水效率控制和水功能区限制纳污“三条红线”，促进水资源可持续利用。

(6)坚持最严格水资源管理制度的原则。强化城乡水资源统一管理，对城乡供水、水资源综合利用、水环境治理和防洪排涝等实行统筹规划、协调实施，促进水资源优化配置。加强依法治水和依法行政，健全法制，理顺体制，改革机制。强化政府对涉水事务的社会管理，破解水利发展中的体制机制障碍，构建充满活力、富有效率、更加开放、有利于水利科学发展的体制机制和制度体系。

4.2　规划目标

根据《全国水资源综合规划技术大纲》来制定固始县水资源综合规划的总体目标：在进一步查清固始县水资源及其开发利用现状，分析和评价水资源承载能力的基础上，根据经济社会可持续发展和生态环境保护对水资源的要求，提出水资源合理开发、高效利用、优化配置、全面节约、有效保护、综合治理、科学管理的总体布局和实施方案，作为今后一定时期内水资源开发利用与管理活动的基本依据和准则，以促进固始县人口、资源、环境和经济的协调发展，以水资源的可持续利用支持经济社会的可持续发展。

实行最严格的水资源管理制度，建立水资源管理“三条红线”指标体系。根据《河南省用水总量控制细化目标》和《河南省地表水、地下水、其他水源用水指标》，确定规划的具体目标如下：

(1)用水总量控制目标。控制经济社会发展对水资源需求的过度增长。到 2020 年，全县用水总量控制在 4.48 亿 m^3 以内，其中地表水 4.212 8 亿 m^3、地下水 0.266 8 亿 m^3；到 2030 年，全县用水总量不超过 4.808 3 亿 m^3。在进行总量控制的同时，严格定额管理，提高水资源的利用效率和效益。

(2)节水目标。到 2020 年，全县万元 GDP 用水量降低到 79.2 m^3 以下，万元工业增加值取水量降低到 25 m^3，农田灌溉水有效利用系数提高到 0.602，城市供水管网漏损率降低到 11%。污水处理率达到 88%，污水再生利用率不低于 25%。

到2030年,全县万元GDP用水量降低到57.9 m^3 以下,万元工业增加值取水量降低到18 m^3,农田灌溉水有效利用系数提高到0.62,城市供水管网漏损率降低到9%。污水处理率达到95%,污水再生利用率不低于30%。

(3)水资源保护目标。2020年、2030年重要水功能区水质达标率达到100%。

(4)水资源综合管理目标。逐步完善取水总量控制与定额管理相结合的用水管理制度;制订区域水量分配方案,逐步建立与完善以取水权为基础的水权制度;逐步建立以水功能区管理为基础的排污总量控制、入河排污口监管、跨省界河流断面水质考核的水资源保护制度;逐步建立保障河流基本生态用水、完善生态补偿机制,维护河流健康的水生态保护制度;提高对水资源的监督管理能力,建立完善的水资源监测和监控体系。基本形成水资源的优化配置、合理开发、高效利用、全面节约、有效保护的最严格的水资源管理机制。

加强农村水利改革,积极探索"三民水利"的发展模式与管理途径。实行用水总量控制和定额管理相结合的管理制度;完善取水许可、水资源论证和水资源有偿使用制度;建立定期向社会公众发布重要江河、湖泊水资源和地下水环境的监测信息制度。基本建成科学的水利工程建设、管理、运行体制;基本建立切实可行的水生态补偿、水权交易制度体系;探索建立有利于人才队伍建设的水利科技体制。

4.3 规划依据

4.3.1 法律、法规

(1)《中华人民共和国水法》;

(2)《中华人民共和国防洪法》;

(3)《中华人民共和国水土保持法》;

(4)《中华人民共和国环境保护法》;

(5)《中华人民共和国水污染防治法》。

4.3.2 技术规范与文件

(1)《全国水资源综合规划技术大纲》;

(2)《全国水资源综合规划技术细则》;

(3)《水资源评价导则》(SL/T 238—1999);

(4)《河南省水资源综合规划技术大纲》;

(5)《河南省水资源调查评价技术细则》;

(6)《水资源供需预测分析技术规范》(SL 429—2008);

(7)《河南省节约用水条例》。

4.3.3 有关规划

(1)《河南省水资源综合规划》;

(2)《河南省水资源保护规划》;

(3)《信阳市水资源综合规划》;

(4)《信阳市节水型社会建设“十三五”规划》;

(5)《固始县城乡总体规划(2015—2030)》;

(6)《固始县国民经济和社会发展第十三个五年规划纲要》;

(7)《2010～2015 年固始县水资源公报》。

4.4　规划范围及水平年

规划范围为固始县全县,面积 2 941 km^2,包括蓼城街道、番城街道、秀水街道、陈淋子镇、黎集镇、蒋集镇等 30 个乡(镇)3 个办事处。

2015 为基准年,2020 年为近期水平年,2030 年为远期水平年。

4.5　主要任务

通过水资源及其开发利用情况调查评价,摸清水资源及其开发利用现状并预测未来的可能变化趋势,为制订规划方案及水资源管理措施奠定基础。在节约、保护的前提下,分析水资源的承载能力。在此基础上,研究水资源宏观调配的指标,制订水资源合理配置方案,统筹协调生活、生产、生态环境用水。根据水资源合理配置方案,为经济社会发展和生产力布局、经济结构调整以及水资源开发利用和管理等提出政策性建议。

规划主要任务包括:

(1)水资源及开发利用现状评价。在水文水资源综合调查的基础上,分析固始县各种水资源的特征,进行水资源量与质的评价,以及可利用量及时空分布特点和演变趋势,分析现状水资源开发利用水平,为水资源的可持续开发利用与管理提供科学依据,全面准确地评价。

(2)水资源配置方案制订。根据经济社会发展和环境改善对水资源的要求及水资源的实际条件,进行各规划水平年水资源供需分析,在水资源节约和保护的基础上,建立水资源配置的宏观指标体系,提出协调生活、生产和生态用水的水资源合理配置方案;在水资源供需动态平衡中,充分发挥节约和挖潜等作用,寻求开发与保护、开源与节流、供水与治污、需要与可能之间的协调,改进水资源利用方式,制定经济合理、技术可行、环境安全的水资源可持续利用方式。制定提高水资源利用效率的对策和措施,包括调整产业结构与生产力布局,建立合理的水价形成机制和节约用水措施等,使经济社会发展与水资源条件相适应。

(3)推进节水型社会建设。建设节水型社会是解决缺水问题的根本措施。大力推动节水型社会建设,抓好试点,以点带面,结合主要江河水量分配方案,实施总量控制与定额管理相结合的用水管理制度,科学确定用水定额,建立运用行政、法律、经济、技术等综合手段的节水机制,激发全民的节水意识和社会的广泛参与,实现水资源的合理利用、节约利用和高效利用。

(4)水资源管理制度完善。以健全的法制和法规手段规范水事活动,以行政手段界定水事行为,以经济手段调节水事活动和用科学技术手段开发利用和管理水资源。合理确定政府、市场、用户三者在水资源开发、利用、治理、配置、节约、保护中的责任、义务和权力。逐步建立以政府宏观调控、用户民主协商、水市场调节三者有机结合的体制为基础的有效的水资源管理模式和高效利用的运行模式。

第 5 章　需水预测

5.1　需水指标预测

5.1.1　需水量预测的原则与方法

(1)按照《全国水资源综合规划技术大纲》,规划需水预测的用水分生活、生产和生态三大类。其中,生活需水分为城镇居民生活需水和农村居民生活需水;生产需水分为工业、建筑和商饮业、服务业需水和农田灌溉、林牧渔畜需水;生态需水分为绿地、环境卫生需水和河湖换水。

(2)对固始县经济社会发展指标预测按照《固始县城乡总体规划(2015—2030)》、《固始县国民经济和社会发展第十三个五年规划纲要》等规划资料进行近期、远期的需水预测。

(3)坚持与水资源管理“三条红线”控制目标协调一致原则。

根据河南省下达信阳市总体控制目标,以“三条红线”为底线,严格与总量控制目标一致。

(4)预测方法:需水预测采用“多种方法、综合分析、合理确定”的原则确定其成果。定额预测为基本方法,定额法是在预测与需水有关的经济社会指标、分析确定各项需水定额的基础上计算完成的,需水定额分析应在现状用水水平调查分析的基础上,坚持节约用水、高效利用的方针。

经济社会指标预测,应结合有关规划,采用增长率法和趋势法综合确定,同时应采用机制法、人均用水量法、弹性系数法等其他方法进行复核,经综合分析后提出需水预测成果。

经济社会发展指标是分析计算各用水户需水量的主要依据,包括人口、工业增加值、灌溉面积等。其中,人口指标包括总人口、城镇人口和农村人口。城镇化预测,应结合国家和各级政府制定的城镇化发展战略与规划,充分考虑水资源条件对城镇发展的支撑能力,合理安排城镇发展布局和确定城镇人口规模。在城镇人口预测的基础上,进行用水人口预测。城镇用水人口包括常住人口和居住时间超过 6 个月的暂住人口。暂住人口所占比重不大的,可直接采用城镇人口作为城镇用水人口。对于流出人口比较多的农村,也应考虑其流出人口的影响。

规划水平年经济发展指标依据政府已制定的国民经济和社会发展规划等。

5.1.2　发展目标

社会经济指标预测主要依据《固始县国民经济和社会发展第十三个五年规划纲要》

及《固始县城乡总体规划(2015—2030)》等有关规划。

固始县作为河南省新型城镇化综合改革试点县、豫皖交界区域性重要节点城市,《固始县城乡总体规划(2015—2030)》对全县经济社会发展提出了新的发展目标,城镇化进程加快,经济结构优化,经济结构战略性调整取得较大进展。

根据《固始县国民经济和社会发展第十三个五年规划纲要》, 2020 年全县国内生产总值将达到 400.00 亿元,年均增长 9.00%;第二、第三产业占比达到 80% 以上;服务业增加值占国内生产总值的 41.00%,常住人口城镇化率达 50.00%,户籍人口城镇化率达 30%。

各规划阶段经济社会发展主要目标详见表 5-1。

表 5-1　固始县经济社会发展主要指标一览

项目	2015 年	2020 年	2030 年
总人口(万人)	175.1	190	205
城镇人口(万人)	65.54	60.80	96.36
城镇化率(%)(常住人口)	46	51	66
GDP(亿元)	270.9	400	700
三次产业结构比	27.9:33.9:38.2	19.9:39.0:41.0	13.5:40.7:45.8

5.1.3　人口与城镇化水平预测

区域人口增长来源于两方面:一是自然增长,即人类繁衍的需要;二是社会增长,即人口由于社会和经济等因素而产生迁徙,从而导致迁徙目的地人口增长。分析固始县区域地位、社会经济发展条件及国家和河南省经济发展战略部署,固始县作为河南省面向华东的窗口,在中原经济区建设中具有"桥头堡"和前沿阵地的区位优势,是商贸、文化、旅游、金融综合发展的豫皖交界区域性中心城市,人口迁徙将由迁出为主转变为迁入为主。

固始县 2015 年户籍人口为 175.10 万人,常住人口为 107.90 万人。

根据《固始县城乡总体规划(2015—2030)》, 2020 年县域户籍人口为 190.0 万人,常住人口为 142.50 万人,户籍人口城镇化率达 32%,常住人口城镇化率达 51%。2030 年县域户籍人口 205.0 万人,常住人口为 174.50 万人,户籍人口城镇化率达 47%,常住人口城镇化率达 66%。

2015 ~ 2020 年年均增长率为 1.6%,2020 ~ 2030 年年均增长率为 0.8%。

随着固始县社会经济进入快速发展期,城镇化水平也将快速提高, 2020 年城镇人口为 60.80 万人;2030 年城镇人口为 96.35 万人。

固始县规划水平年人口预测表见表 5-2。

表 5-2　固始县人口预测

水平年	常住人口(万人)	城镇人口(万人)	农村人口(万人)	城镇化率(%)
2015 年	107.90	40.17	67.73	37.2
2020 年	142.50	72.68	69.82	51.0
2030 年	174.50	115.17	59.33	66.0
水平年	总人口(万人)	城镇人口(万人)	农村人口(万人)	城镇化率(%)
2015 年	175.10	65.54	109.56	37.4
2020 年	190.00	60.80	129.20	32.0
2030 年	205.00	96.35	108.65	47.0

根据《固始县城乡总体规划(2015—2030)》,充分落实河南省五级现代城镇体系理念,结合固始县实际,将全县规划为四级城镇规模等级结构,即“中心城区—副中心城区—中心镇——般乡(镇)”,规划期末,形成 1 个中心城区、3 个副中心、5 个中心镇、22 个一般乡(镇)。

第一级为中心城区,含蓼城街道、番城街道、秀水街道 3 个部分;第二级为副中心城区,分别为段集镇、陈淋子镇和三河尖镇;第三级为中心镇,即胡族铺镇、黎集镇、陈集镇、蒋集镇和往流镇 5 个镇;第四级为一般乡(镇),包括郭陆滩镇、武庙集镇、张广庙镇、分水亭镇、汪棚镇、方集镇、柳树店乡、沙河铺乡、洪埠乡、南大桥乡、李店乡、观堂乡、徐集乡、祖师庙乡、马堽集乡、石佛店镇、丰港乡、赵岗乡、泉河铺乡、草庙集乡、杨集乡、张老埠乡等 22 个乡(镇)。固始县城镇等级结构(2030 年)见表 5-3。

表 5-3　固始县城镇等级结构(2030 年)

等级	城镇名称
中心城区(1 个)	蓼城街道、番城街道、秀水街道
副中心(3 个)	陈淋子镇、三河尖镇、段集镇
中心镇(5 个)	胡族铺镇、陈集镇、蒋集镇、黎集镇、往流镇
一般乡镇(22 个)	郭陆滩镇、武庙集镇、张广庙镇、分水亭镇、汪棚镇、方集镇、柳树店乡、沙河铺乡、洪埠乡、南大桥乡、石佛店镇、祖师庙乡、泉河铺乡、李店乡、马堽集乡、丰港乡、徐集乡、观堂乡、杨集乡、草庙集乡、赵岗乡、张老埠乡

本次规划,按照中心城区、其他乡(镇)两级规划结构划分,其中中心城区包括蓼城街道、番城街道、秀水街道。人口预期成果见表 5-4。

表 5-4　固始县人口预测(按城镇规划结构分)　(单位:万人)

级别	2020 年				2030 年			
	总人口	城镇人口	农村人口	城镇化率(%)	总人口	城镇人口	农村人口	城镇化率(%)
中心城区	29.92	24.31	5.61	81	41.49	37.93	3.56	91
其他乡(镇)	160.08	36.49	123.59	23	163.51	58.42	105.09	36
全县	190.00	60.80	129.20	32	205.00	96.35	108.65	47

5.1.4　经济指标预测

5.1.4.1　国民生产总值预测

根据《固始县国民经济和社会发展第十三个五年规划纲要》,2020 年全县国内生产总值将达到 400.00 亿元。

采用年增长率进行预测,固始县国内生产总值 2030 年达到 720 亿元。2015 ~ 2020 年年均增长率为 8.11%,2020 ~ 2030 年年均增长率为 6.05%,15 年内国民经济以年均 6.3% 左右的速度发展。

5.1.4.2　工业增加值预测

分析 2012 ~ 2015 年,固始县工业增加值增长率为 10%。2015 年工业增加值为 77.1 亿元,分析预测 2015 ~ 2020 年期间全县工业增加值年均增长 10%,则 2020 年全县工业增加值约 124.2 亿元;预测 2020 ~ 2030 年期间工业增加值年均增长 6.8% 左右,则 2030 年全县工业增加值约 239.8 亿元。

5.1.4.3　第三产业产值预测

全县 2015 年第三产业产值约为 103.5 亿元,2020 年增加到约 176.3 亿元,2030 年约 354.2 亿元,15 年内以年均 8.0% 左右的速度发展。

全县规划水平年国民经济指标预测值见表 5-5。

表 5-5　固始县国民经济预测结果

指标	2015 年	2020 年		2030 年	
		数量	2015 ~ 2020 年年均增长率(%)	数量	2020 ~ 2030 年年均增长率(%)
GDP(亿元)	2 708 533	4 000 061	8.11	7 200 060	6.05
人均 GDP(元)	1.55	2.11	6.40	3.51	5.30
第一产业(亿元)	75.537 7	79.784 7	1.10	97.257 1	2.00
第二产业(亿元)	91.846 1	143.928 7	9.40	268.549 8	6.44
其中:工业(亿元)	77.133 2	124.223 8	10.00	239.837 6	6.80
第三产业(亿元)	103.469 5	176.292 7	11.25	354.199 1	7.23

5.1.5 农业发展预测

5.1.5.1 灌溉面积

根据《固始县国民经济和社会发展第十三个五年规划纲要》的目标,大力发展现代农业,加强粮食生产核心区建设,稳定粮食播种面积,加快低产田改造、中产田提升和高产田建设。坚持最严格的耕地保护制度,全面划定永久基本农田,稳定粮食和油料面积,完善耕地保护利益补偿机制,持续提升耕地质量。

2015 年固始县耕地面积 236 万亩,农田有效灌溉面积 157.2 万亩,实际灌溉面积 144 万亩。

考虑梅山灌区和鲇鱼山灌区续建配套节水改造项目建设,扶贫项目、大塘改造小型病险水库除险加固及水土流失治理工程、农田水利项目开工建设,新建和改造塘堰坝、提灌站等抗旱应急水源工程。根据《固始县水利发展"十三五"规划》,2020 年固始县新增农田有效灌溉面积 4.5 万亩。

2020 年全县有效灌溉面积达到 161.7 万亩,参照 2015 ~ 2020 年有效灌溉面积增长率 0.6%,2030 年全县有效灌溉面积达到 170.9 万亩,见表 5-6。

表 5-6 固始县农业灌溉面积预测成果

水平年	耕地面积（万亩）	人均耕地面积（亩）	耕地有效灌溉面积（万亩）	人均有效灌溉面积（亩）
2015	236	1.35	157.2	0.90
2020	236	1.24	161.7	0.85
2030	236	1.15	170.9	0.83

5.1.5.2 畜牧业发展

进一步调整优化畜牧业结构,大力发展规模化和标准化养殖,推进产业合理布局,全面提升畜牧业规模化、标准化、信息化水平,推进畜牧业发展方式的根本性转变。重点推动固始鸡、豫南黑猪、黄宴甲鱼、固始白鹅、固始麻鸭、淮山羊等特色农产品与终端消费品双向对接,促进饲料加工、畜禽水产养殖、精深加工、电子商务和冷链物流链式协调发展。分析近五年固始县牲畜数量,总体变化不大。

全县 2015 年大牲畜 4.19 万头,小牲畜 87.53 万头,预测 2020 年大牲畜 4.17 万头,小牲畜 89.29 万头;2030 年大牲畜 4.16 万头,小牲畜 91.10 万头。2015 ~ 2020 年、2020 ~ 2030年大牲畜分别以 0.6%、0.3%递减,小牲畜分别以 0.4%、0.2%增长。

5.1.5.3 鱼塘业发展

2015 年固始县水产面积为 2.85 万亩。预测 2020 年鱼塘面积达到 3.02 万亩,2030 年增加到 3.26 万亩。林牧渔业预测见表 5-7。

表 5-7　固始县林牧渔业预测

年份	大牲畜(万头)	小牲畜(万头)	水产(万亩)
2020	4. 17	89. 29	3. 02
2030	4. 16	91. 10	3. 26

5.2　需水定额预测

本次规划采用基本方案和节水方案两种需水预测方案。基本方案是指在现状节水水平和相应的节水措施基础上,基本保持现有节水投入力度,并考虑 2015 年以来的用水定额和用水量的变化趋势。节水方案是指在基本方案基础上,进一步加大节水投入力度,进行需水管理,抑制需水过快增长,进一步提高用水效率和节水水平等。节水方案为在经济合理、技术可行的条件下,增加节水投入力度的方案。本次规划在节水方案下,主要采取的节水措施有:农业节水灌溉及其结构优化,生活节水器具应用、工业节水生产工艺的应用、污水处理厂建设、公共供水管网改造以及非工程措施等。

针对生活、工业、建筑业、第三产业、农业灌溉等行业需水量预测计算,拟订了基本方案和节水方案两种方案的不同行业需水定额。

5.2.1　生活需水定额

根据固始县目前的经济社会发展水平、人均收入水平、水价水平、节水器具推广与普及情况,结合生活用水习惯、现状用水水平,以及固始县城市定位、发展目标等,参考国内外同类地区生活用水定额水平,以及建设部门制定的居民生活用水定额标准,拟定各规划水平年城镇居民生活需水净定额。

城镇居民生活用水定额以实际调查为基础,参照《城市居民生活用水量标准》(GB 50331—2002),城镇生活日用水量为 85 ~ 140 L/人。根据河南省地方标准《农业用水定额》(DB 41/T 958—2014)和河南省地方标准《工业与城镇生活用水定额》(DB41/T 385—2014)的规定,农村生活用水在集中供水的情况下,用水定额为 55 L/(人 · d),分散供水情况下,用水定额为 46 L/(人 · d);城镇居民生活用水定额为 60 ~ 120 L/(人 · d)(调节系数 0. 9 ~ 1. 1)。

通过对现状调查资料分析,2015 年固始县人均用水量(常住人口)为 329. 10 m^3;城镇居民生活用水定额 131. 3 L/(人 · d),农村生活每人每日 68. 50 L(不含牲畜用水)。现状年城镇居民生活用水定额偏高。

参考《信阳市水资源综合规划》及《河南省水资源综合规划》成果,以河南省地方标准《工业与城镇生活用水定额》(DB41/T 385—2014)规定的居民生活用水定额为上限拟定各规划水平年居民生活用水净定额。

结合当地实际水资源状况和生活用水习惯,考虑到未来人民生活水平提高、生活条件改善等因素,综合确定固始县基本方案下,2020 年和 2030 年城镇居民人均日用水量分别控制在130.2 L/人和132.2 L/人，农村居民生活用水定额分别为65.3 L/(人·d)和66.6 L/(人·d)。

节水方案下，2020年和2030年城镇居民人均日用水量分别控制在125.8 L/(人·d)和127.6 L/(人·d)，农村居民生活用水定额分别为65.3 L/(人·d)和66.6 L/(人·d)。中心城区的城镇居民生活需水净定额高于其他乡(镇)的城镇居民生活需水净定额。固始县各规划水平年居民生活需水净定额见表5-8。

表5-8　固始县各规划水平年居民生活需水净定额　[单位:L/(人·d)]

市(县)	年份	基本方案		节水方案	
		城镇生活	农村生活	城镇生活	农村生活
固始县	2020	130.2	65.3	125.8	65.3
	2030	132.2	66.6	127.6	66.6

5.2.2　建筑业及第三产业定额

5.2.2.1　建筑业需水定额

建筑业用水包括混凝土搅拌用水、混凝土施工养护用水和职工生活用水，以及清洁、除尘用水等。主要参考《河南省水资源综合规划》成果及分析方法确定。

建筑业需水预测以单位建筑面积用水量法为主，以建筑业万元增加值用水量法进行复核。根据河南省地方标准《工业与城镇生活用水定额》(DB41/T 385—2014)，房屋建筑业用水定额为：新建住宅0.7 m^3/m^2(调节系数0.9～1.0)，新建厂房1.0 m^3/m^2(调节系数0.9～1.1)，新建综合楼1.2 m^3/m^2(调节系数0.9～1.0)。经分析，2020年房屋建筑业综合用水定额采用0.98 m^3/m^2，2030年房屋建筑业综合用水定额采用0.96 m^3/m^2。规划水平年建筑业需水净定额见表5-9。

表5-9　规划水平年建筑业取水净定额　(单位:m^3/m^2)

方案	基本方案		节水方案	
年份	2020	2030	2020	2030
定额	1.00	0.98	0.98	0.96

5.2.2.2　第三产业需水定额

第三产业用水包括企事业单位用水、商业用水、餐饮服务业用水和物流运输业等用水。

本次采用第三产业万元增加值用水量法预测，随着产业结构的调整，固始县规划水平年第三产业在整个国民经济中的比重将达到44%，其需水量也将逐渐增加。

2015年固始县第三产业万元增加值平均取水定额为6.0 m^3/万元，相对较低。第三产业用水取水定额将呈现大幅增加再缓慢减少趋势，考虑到现状水平年和规划水平年第三产业迅速发展及节水水平的提高，确定基准年和规划水平年第三产业需水定额，详见表5-10。

表 5-10 规划水平年第三产业需水净定额 (单位:m^3/万元)

方案	基本方案		节水方案	
年份	2020	2030	2020	2030
定额	10.0	9.0	9.7	8.7

5.2.3 工业取水定额

固始县工业重点发展装备制造、柳编和竹木家居、食品加工、生物医药、新型建材、纺织服装六大产业,打造一批先进制造业集聚地,带动全县制造业规模壮大、结构跃升。

规划水平年工业用水取水定额在分析现状用水的基础上,考虑科学技术的进步和产业结构的调整、低耗水的高新技术产业比例增加,以及提高水的重复利用率、万元产值取水量呈逐年下降趋势等因素来确定。中心城区的工业节水水平高于乡(镇),故中心城区的工业取水净定额低于乡(镇)的工业取水净定额。

2015 年,固始县万元工业增加值用水量 36.4 m^3。根据河南省“三条红线”2016～2020 年度计划指标分解表,固始县 2020 年万元工业增加值用水量控制指标降至 27.9 m^3。根据最严格水资源管理发展需求,预计 2030 年固始县万元工业增加值用水量降至 21.1 m^3。基本方案中工业万元增加值取水量采用固始县控制目标值。现状基准年、2020 年、2030 年分别为 36.4 m^3/万元、27.9 m^3/万元、21.1 m^3/万元。

节水方案是在基本方案的基础上,分析继续加大工业节水强度,进一步降低万元工业增加值取水量的可能性条件下,确定 2020 年、2030 年全市万元工业增加值用水量分别采用 25 m^3、18 m^3,详见表 5-11。

表 5-11 规划水平年工业需水定额 (单位:m^3/万元)

市(县)	年份	工业取水净定额	
		基本方案	节水方案
固始县	2020	27.9	25
	2030	21.1	18

5.2.4 农业需水定额

5.2.4.1 农田灌溉定额

农田灌溉用水在总用水量中占有很大的比例,农田灌溉定额预测得准确与否,对总需水量成果将产生较大的影响。

农业灌溉需水量计算采用农业用地综合用水量需指标法。2015 年固始县降水量 1 291.0 mm,经频率计算,为丰水年份。2015 年,固始县实际灌溉面积 154 万亩,农田灌溉用水量 2.63 亿 m^3,农田灌溉亩均用水量为 177.7 m^3,农田利用水系数 0.505 4。

表 5-12　固始县近 5 年农田灌溉亩均实际用水量

年份	农田灌溉亩均用水量(m^3/亩)	降水量(mm)
2013	193.2	786.5
2014	151.1	1 006.2
2015	177.7	1 291.0
2016	189.3	1 052.7
2017	170.0	1 401.8
5 年均值	176.3	1 107.6

根据实际调查,结合河南省地方标准《工业与城镇生活用水定额》(DB41/T 385—2014)和《农业用水定额》(DB41/T 958—2014),以及固始县灌溉多年亩均用水量,参照《信阳市水资源综合规划》,确定固始县规划水平年基本方案和节水方案农业灌溉用水定额,详见表 5-13。

表 5-13　规划水平年农田综合灌溉定额　(单位:m^3/亩)

年份	基本方案			节水方案		
	50%	75%	90%	50%	75%	90%
2020	190	211	240	177	198	225
2030	180	202	228	165	188	212

5.2.4.2　**林牧渔畜需水定额**

畜牪养殖用水采用用水定额法计算,分大牪畜和小牪畜分别进行预测,牛、马、驴、骡等为大牲畜,猪、羊为小牲畜。参考河南省地方标准《农业用水定额》(DB41/T 958—2014)中关于畜牧业的用水定额及水利普查相关调查资料,确定固始县畜牧业用水定额。

淡水渔业养殖需水量根据养殖水面面积和用水定额计算。参考河南省地方标准《农业用水定额》(DB41/T 958—2014)中关于渔业补水的定额,制定固始县渔业补水定额,见表 5-14。

表 5-14　固始县鱼塘、牲畜需水定额

类别	年份	基本方案				节水方案			
		水产养殖(m^3/年)		大牲畜[L/(头·d)]	小牲畜[L/(头·d)]	水产养殖(m^3/年)		大牲畜[L/(头·d)]	小牲畜[L/(头·d)]
		50%	75%			50%	75%		
固始县	2020	238	276	40	25	238	276	40	25
	2030	238	276	41	26	238	276	41	26

5.2.5　生态环境需水定额

城镇绿化用水量和道路浇洒用水量均采用定额法计算。参考河南省地方标准《工业与城镇生活用水定额》(DB41/T 385—2014)及《给水排水设计手册》中公共设施管理业用水定额,确定基本方案、节水方案。现状基准年、2020 年、2030 年固始县城镇绿地用水定额均采用为 0.25 $m^3/(m^2 \cdot 年)$,浇洒道路用水指标均采用 0.1 $m^3/(m^2 \cdot 年)$。生态环境各项指标需水定额见表 5-15。

表 5-15　固始县生态环境各项指标需水定额　[单位:$m^3/(m^2 \cdot 年)$]

固始县	城镇绿地	城市道路
定额	0.25	0.10

注:2020 年、2030 年定额与基准年一致。

5.3　需水量预测

需水量预测应与本地区社会经济发展规划紧密结合,既要考虑国民经济发展过程中的产业、产业结构调整、节水和生态环境用水的需要;又要结合不同区域现状实际用水条件。需水量采用定额法进行计算,即按照预测的国民经济各行业发展规模乘以相应的需水定额,得到各行业的需水量。

根据预测指标及需水定额,计算各行业需水量。需水量主要包括生活需水(城镇生活需水、农村生活需水)、建筑业及第三产业用水 、农业灌溉需水、林牧渔业需水、工业需水及生态环境需水等。

5.3.1　生活需水量

根据预测的不同水平年城镇人口和农村人口数量、城镇生活和农村生活需水净定额,考虑规划水平年通过降低城镇供水管网漏损率和提高节水器具普及率等方法提高生活水利用系数,计算不同水平年的生活毛需水量。固始县生活用水水源主要是固始县自来水公司、乡(镇)水厂及农村安全饮水工程等。

固始县 2015 年居民生活需水量为 4 494 万 m^3。

基本方案下,预测 2020 年需水量 5 968 万 m^3,2030 年需水量为7 289万 m^3,2015 ~ 2020 年、2020 ~ 2030 年生活需水量年均增长率分别为 5.8%、2.0%。

节水方案下,预测 2020 年需水量为 5 869 万 m^3,2030 年需水量为 7 128 万 m^3。

固始县规划水平年生活需水量详细预测结果见表 5-16、表 5-17。

表 5-16　固始县规划水平年生活需水量预测结果(基本方案)　(单位:万 m^3)

行政区	基本方案					
	2020 年			2030 年		
	城镇生活	农村生活	合计	城镇生活	农村生活	合计
中心城区	1 206	161	1 367	1 911	102	2 013
其他乡(镇)	1 684	2 917	4 601	2 737	2 539	5 276
合计	2 890	3 078	5 968	4 648	2 641	7 289

表 5-17　固始县规划水平年生活需水量预测表(节水方案)　(单位:万 m^3)

行政区	节水方案					
	2020 年			2030 年		
	城镇生活	农村生活	合计	城镇生活	农村生活	合计
中心城区	1 167	161	1 328	1 847	103	1 950
其他乡(镇)	1 624	2 917	4 541	2 639	2 539	5 178
合计	2 791	3 078	5 869	4 486	2 642	7 128

5.3.2　建筑业及第三产业需水量

建筑业及第三产业主要水源为地表水。建筑业用水定额各地相差不大。

2015 年固始县城镇公共用水量为 896 万 m^3,占总用水量的 2.5%,其中服务业用水量为 615 m^3, 建筑业用水量为 281 万 m^3。

基本方案:固始县建筑业需水量 2015 年、2020 年、2030 年分别为 281 万 m^3、352 万 m^3、562 万 m^3,2015 ~ 2020 年、2020 ~ 2030 年年均增长率分别为 4.6%、4.8%。

固始县第三产业需水量 2015 年、2020 年、2030 年分别为 615 万 m^3、1 757 万 m^3、3 177 万 m^3。2015 ~ 2020 年、2020 ~ 2030 年年均增长率分别为 23.4%、6.1%。

节水方案:固始县建筑业需水量 2020 年、2030 年分别为 345 万 m^3、551 万 m^3。第三产业需水量 2020 年、2030 年分别为 1 704 万 m^3、3 070 万 m^3。

固始县规划水平年建筑业及第三产业需水量预测结果见表 5-18。

表 5-18　固始县规划水平年建筑业及第三产业需水量预测结果　(单位:万 m^3)

区域	基本方案				节水方案			
	2020 年		2030 年		2020 年		2030 年	
	建筑业	第三产业	建筑业	第三产业	建筑业	第三产业	建筑业	第三产业
中心城区	11	284	18	621	11	276	18	601
其他乡(镇)	341	1 473	544	2 554	334	1 428	533	2 469
合计	352	1 757	562	3 177	345	1 704	551	3 070

5.3.3　工业需水量

根据预测的不同水平年工业总产值和工业取水净定额,考虑工业水利用系数,预测不同水平年的工业毛需水量。规划水平年随着科学技术的进步和产业结构的调整、低耗水的高新技术产业比例增加等,可提高工业水利用系数。固始县工业用水水源主要是地表水。

2015 年固始县工业用水量为 2 928 万 m^3(其中地下水 186 万 m^3),占总用水量的

8.20%。

基本方案:2015 年、2020 年、2030 年固始县工业需水量分别为 2 928 万 m^3、3 476 万 m^3、5 010 万 m^3,2015 ~ 2020 年工业需水量年均增长率为 3.5%,2020 ~ 2030 年工业需水量年均增长率为 3.7%。

节水方案: 2020 年、2030 年固始县工业需水量分别为 3 129 万 m^3、4 315万 m^3。

固始县规划水平年工业需水量预测结果见表 5-19。

表 5-19　固始县规划水平年工业需水量预测结果　(单位:万 m^3)

区域	基本方案		节水方案	
	2020 年	2030 年	2020 年	2030 年
中心城区	1 006	2 122	896	1 780
其他乡(镇)	2 470	2 888	2 233	2 535
合计	3 476	5 010	3 129	4 315

5.3.4　农业需水量

灌溉水利用系数与工程配套、防渗措施、用水管理、输水方式等有密切关系,固始县现有灌区以渠灌区为主,根据固始县不同灌区的规模、水源条件及灌溉方式等,结合农业节约用水相关规划与成果,确定固始县综合灌溉水利用系数基准年取 0.505 4,2020 年取 0.602,2030 年取 0.620。与河南省 2016 ~ 2020 年"三条红线"年度计划指标分解表中固始县农田灌溉水利用系数控制指标一致。见表 5-20。

表 5-20　固始县不同水平年分类灌溉水利用系数

年份	2015	2020	2030
基本方案	0.505 4	0.602	0.620
节水方案	0.506	0.608	0.623

5.3.4.1　农田灌溉需水量

基本方案: 50% 保证率下,2020 年、2030 年农田灌溉需水量分别为 30 723 万 m^3、28 365 万 m^3;75% 保证率下,2020 年、2030 年农田灌溉需水量分别为 34 119 万 m^3、32 319 万 m^3。

节水方案: 50% 保证率下,2020 年、2030 年农田灌溉需水量分别为 28 459 万 m^3、28 365万 m^3;75% 保证率下,2020 年、2030 年农田灌溉需水量分别为 32 017 万 m^3、32 319 万 m^3。

5.3.4.2　林牧渔需水量

50% 保证率下,2020 年、2030 年鱼塘补水量分别为 685 万 m^3、740 万 m^3;75% 保证率下,2020 年、2030 年鱼塘补水量分别为 778 万 m^3、841 万 m^3。2020 年、2030 年牲畜用水量分别为 1 005 万 m^3和 945 万 m^3。

固始县基准年及规划水平年农业需水量预测结果见表 5-21、表 5-22。

表 5-21　固始县基准年规划水平年 2020 年农业需水量预测结果　（单位：万 m^3）

区域	基本方案							节水方案						
	农田灌溉		林牧渔		牲畜	合计		农田灌溉		林牧渔		牲畜	合计	
	P = 50%	P = 75%	P = 50%	P = 75%		P = 50%	P = 75%	P = 50%	P = 75%	P = 50%	P = 75%		P = 50%	P = 75%
中心城区	1 153	1 280	0	0	62	1 215	1 342	1 068	1 201	0	0	62	1 130	1 263
其他乡（镇）	29 570	32 839	685	778	943	31 198	34 560	27 391	30 816	685	778	943	29 019	32 537
合计	30 723	34 119	685	778	1 005	32 413	35 902	28 459	32 017	685	778	1 005	30 149	33 800

表 5-22　固始县规划水平年 2030 年农业需水量预测结果　（单位：万 m^3）

2030 区域	基本方案							节水方案						
	农田灌溉		林牧渔		牲畜	合计		农田灌溉		林牧渔		牲畜	合计	
	P = 50%	P = 75%	P = 50%	P = 75%		P = 50%	P = 75%	P = 50%	P = 75%	P = 50%	P = 75%		P = 50%	P = 75%
中心城区	1 064	1 213	0	0	59	1 123	1 272	1 064	1 213	0	0	59	1 123	1 272
其他乡（镇）	27 301	31 106	740	841	886	28 927	32 833	27 301	31 106	740	841	886	28 927	32 833
合计	28 365	32 319	740	841	945	30 050	34 105	28 365	32 319	740	841	945	30 050	34 105

5.3.5　生态环境需水量

固始县生态环境需水仅指河道外生态环境需水，包括城市公共卫生需水及河湖补水需水两部分。随着城市化的发展及人民生活水平的提高，人们对城市生态环境的要求也越来越高，城市的生态环境用水量将日趋增加。固始县河道外生态环境需水量基本方案和节水方案规划水平年 2020 年、2030 年分别为 1 696 万 m^3、1 968 万 m^3。

固始县规划水平年生态环境需水量预测结果见表 5-23。

表 5-23　规划水平年生态环境需水量预测结果　（单位：万 m^3）

区域	2020 年	2030 年
中心城区	552	640
其他乡（镇）	1 144	1 328
合计	1 696	1 968

5.3.6　总需水量

汇总以上需水量预测成果，求得基本方案、节水方案下，2020、2030 规划水平年全县需水总量见表 5-24 ~ 表 5-27。

表 5-24　固始县 2020 年总需水量预测结果(基本方案)

(单位:万 m^3)

行政区	生活用水				农业用水					工业	生态	总需水	
	城镇生活	农村生活	建筑业	第三产业	农田灌溉		林牧渔		牲畜				
					$P=50\%$	$P=75\%$	$P=50\%$	$P=75\%$				$P=50\%$	$P=75\%$
中心城区	1 206	162	11	284	1 153	1 280	0	0	63	1 006	551	4 437	4 564
其他乡(镇)	1 683	2 917	340	1 474	29 571	32 839	683	780	943	2 470	1 142	41 226	44 588
全县	2 889	3 079	351	1 758	30 724	34 119	683	780	1 006	3 476	1 693	45 663	49 152

表 5-25　固始县 2020 年总需水量预测结果(节水方案)

(单位:万 m^3)

行政区	生活用水				农业用水					工业	生态	总需水	
	城镇生活	农村生活	建筑业	第三产业	农田灌溉		林牧渔		牲畜				
					$P=50\%$	$P=75\%$	$P=50\%$	$P=75\%$				$P=50\%$	$P=75\%$
中心城区	1 167	162	11	276	1 069	1 202	0	0	63	896	551	4 193	4 326
其他乡(镇)	1 623	2 915	332	1 429	27 390	30 815	683	780	944	2 233	1 143	38 700	42 217
全县	2 790	3 077	343	1 705	28 459	32 017	683	780	1 007	3 129	1 694	42 893	46 543

表 5-26 固始县 2030 年总需水量预测结果(基本方案)

(单位:万 m^3)

行政区	生活用水				农业用水					工业	生态	总需水	
	城镇生活	农村生活	建筑业	第三产业	农田灌溉		林牧渔		牲畜				
					$P=50\%$	$P=75\%$	$P=50\%$	$P=75\%$				$P=50\%$	$P=75\%$
中心城区	1 910	102	18	622	1 161	1 303	0	0	59	2 123	640	6 636	6 778
其他乡(镇)	2 739	2 541	545	2 554	29 783	33 422	740	842	889	2 888	1 328	44 000	47 740
全县	4 649	2 643	563	3 176	30 944	34 725	740	842	948	5 011	1 968	50 636	54 518

表 5-27 固始县 2030 年总需水量预测结果(节水方案)

(单位:万 m^3)

行政区	生活用水				农业用水					工业	生态	总需水	
	城镇生活	农村生活	建筑业	第三产业	农田灌溉		林牧渔		牲畜				
					$P=50\%$	$P=75\%$	$P=50\%$	$P=75\%$				$P=50\%$	$P=75\%$
中心城区	1 847	102	18	602	1 064	1 212	0	0	59	1 780	640	6 113	6 261
其他乡(镇)	2 640	2 541	533	2 470	27 302	31 107	740	842	889	2 533	1 328	40 967	44 877
全县	4 487	2 643	551	3 072	28 366	32 319	740	842	948	4 313	1 968	47 080	51 138

基本方案:50%保证率下,2020 年、2030 年固始县总需水量分别为45 663万 m^3、50 636 万 m^3;75%保证率下, 2020 年、2030 年固始县总需水量分别为 49 152 万 m^3、54 518 万 m^3。

节水方案:50%保证率下 2020 年、2030 年固始县总需水量分别为42 893万 m^3、47 082 万 m^3;75%保证率下, 2020 年、2030 年固始县总需水量分别为 46 543 万 m^3、51 136 万 m^3。

5.4　合理性分析

5.4.1　需水结构分析

以 50%保证率为例,各规划水平年的各用水部门需水量百分比如图 5-1 ~ 图 5-3 所示。

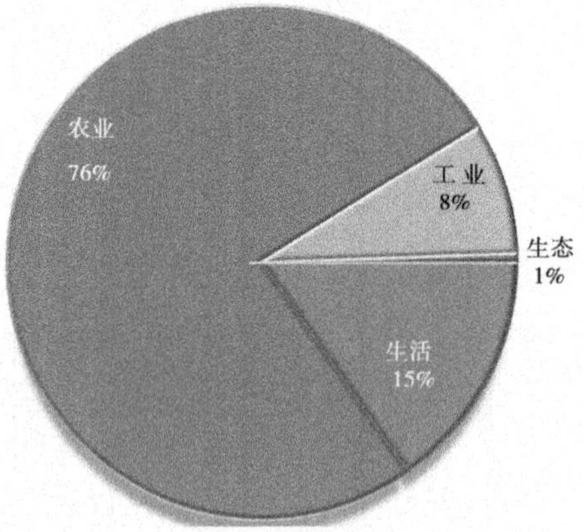

图 5-1　固始县基准年需水结构

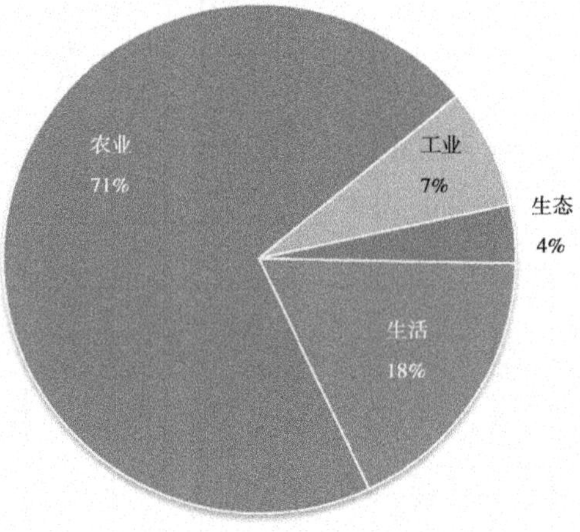

图 5-2　固始县 2020 规划水平年需水结构

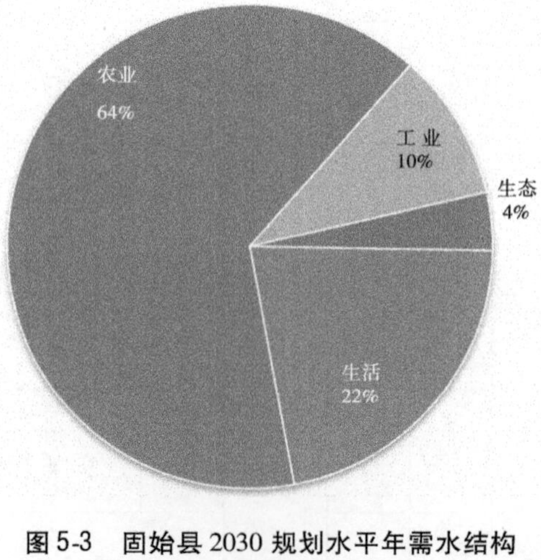

图 5-3　固始县 2030 规划水平年需水结构

从各部门需水比例来看,在规划期内,固始县生活需水(居民生活需水、建筑业、第三产业)比例从 2015 年的 15. 2%缓慢增高到 2030 年的 22%,生活用水量有所增加,这符合固始县城镇化进程，城镇人口增多以及人口增长导致用水量增加。增长率不高也与固始县节水型社会建设一致。其中，第三产业需水比例从2015年的1.7%增加到2030年的5.8%，随着第三产业在经济发展中发挥越来越重要的作用，第三产业需水比例也有所提高。

固始县是农业种植大县，农业需水比例较高。农业需水量比例由2015年的76%下降到2030年的64%，所占比例呈逐年减少趋势，这与灌区改造、节水灌溉面积逐年增加、农田耗水量减少、亩均灌溉需水量减少相适应。

工业需水比例从2015年的8%到2020年的7%，再到2030年的10%，工业用水总体变化不大，这与当地社会经济的发展趋势基本一致。

生态环境需水量占总需水量的比例变化较大，从1%增加到4%，与人们对城市生态环境要求提高一致。

以上各用水比例的变化，一方面反映了规划期内社会经济结构转换进程中城市化与工业化的影响；另一方面由于加大了农业灌溉节水的力度，农业用水比例将逐渐减少。经分析，各部门需水比例变化与信阳市今后产业结构的调整和社会经济的发展趋势基本吻合。

5.4.2　用水水平及用水效率分析

人均需水量、单位GDP需水量是综合反映社会经济发展水平和水资源合理开发利用状况的重要指标，它们与水资源条件、经济发展阶段、产业结构、节水措施、水资源管理水平和科技进步状况等有密切关系，详见表5-28。

表5-28　固始县需水指标分析成果

水平年	万元GDP用水（m^3/万元）	城镇居民生活［L/（人·d）］	农村居民生活［L/（人·d）］	工业增加值需水量（m^3/万元）	农田综合灌溉定额（m^3/亩）
2015	124.5	131.3	68.5	36.4	177.7
2020	88.3	125.8	65.3	25.0	198.0
2030	52.8	127.6	66.6	18.0	188.0

注：2015年人均综合用水量为常住人口。

现状年城镇居民生活定额偏大，超河南省地方标准《工业与城镇生活用水定额》（DB 41/T 385—2014）的控制指标，规划年份以河南省标准为预测定额，综合万元工业增加值用水定额持续下降，在建设节水型社会的要求下，工业结构优化及技术升级促进其下降速度加快。随着灌区的配套、更新改造投入的增加，农田灌溉水渠系数逐年提高，加之作物品种改良，农田综合灌溉毛定额呈下降趋势；万元GDP需水定额下降趋势明显，故规划水平年预测各项需水量基本合理。

5.4.3　固始县需水分布趋势

按照固始县循环经济战略规划农业、工业、城镇布局，随着城镇化与工业化进程的加快，城镇需水和工业需水更加向中心城区地带集中。中心城区用水量所占比例由2020年的9.8%上升到2030年的13.0%；其他乡（镇）用水量所占比例由2020年的90.2%下降到2030年的87.0%。

各乡(镇)节水方案(多年平均)需水量占全县总需水量的比例见表5-29、图5-4及图5-5。

表5-29 规划年份各乡(镇)级别需水量占全县总需水量比例 (%)

乡(镇)	2020年	2030年
中心城区	9.8	13.0
其他乡(镇)	90.2	87.0

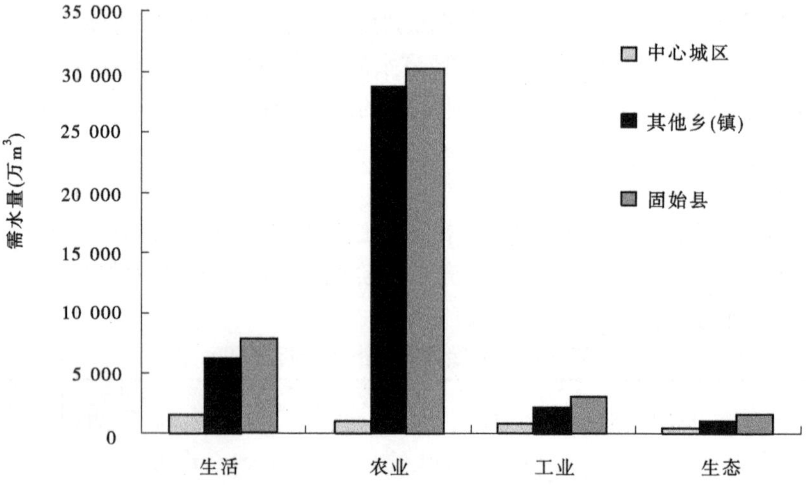

图5-4 固始县2020年各乡(镇)需水量占全县总需水量比例示意图

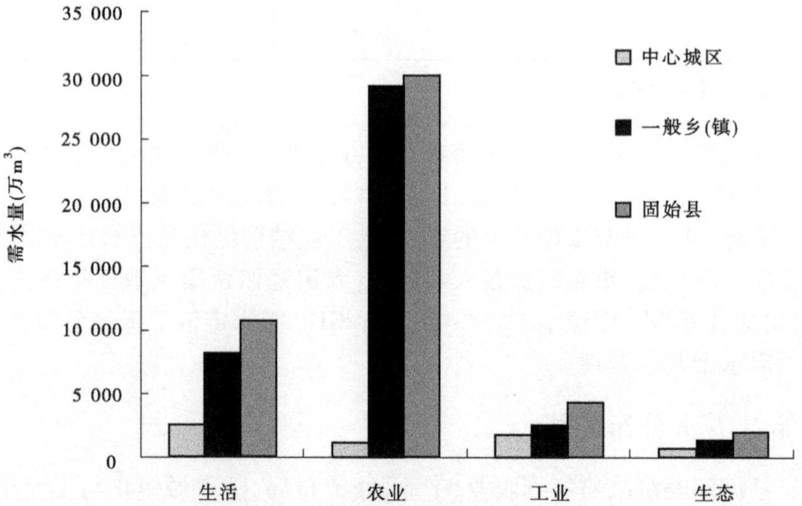

图5-5 固始县2030年各乡(镇)需水量占全县总需水量比例示意图

第6章　节约用水

6.1　节水现状

6.1.1　节约用水开展情况

近年来，固始县在推进节约用水方面做了不少工作，取得了一定的成绩，如水资源利用效率和效益显著提高，全社会节水意识不断增强，基本形成了政府主导、市场调控、公众参与的节水型社会运行机制，为深入推进节水型社会建设奠定了坚实的基础。但也存在一些问题，需要进一步的改进与加强。

6.1.1.1　水资源综合管理不断加强

初步构建了覆盖全县的水资源管理政策制度体系、指标控制体系、责任管理和考核体系。推动完善了水资源有偿使用制度，依法做好水资源费征收工作，推进城镇居民用水阶梯水价和非居民用水超计划累进加价制度。依法加强水环境保护，积极推进城市饮用水源地保护，开展重要饮用水源地安全达标建设。实行用水计划管理，依据河南省用水定额DB41/T 385—2014对用水单位核定计划用水量，对于超计划用水的用户，根据《河南省节约用水管理条例》的有关规定，超计划用水实行累进加价的收费方法，以促进节约用水、合理用水，充分调动全社会节水的积极性。

6.1.1.2　节水宣传教育得到推广

充分利用广播电视、报刊、网络及节水工作简报等多种媒介，举办节水知识竞赛、展览等形式多样的活动，点面结合、以点带面，将节水宣传活动深入到社会中去。持续开展"世界水日""中国水周""全国城市节水宣传周"等宣传活动。充分利用节水教育基地的作用，大力开展节水宣传教育活动。建立了用水户参与机制，推进了节水工作的公众参与。通过宣传教育，营造节水氛围，强化节水的自我约束和社会约束，倡导积极文明的生产和消费方式，用文明和道德的力量增强人们的节水观念，全社会的节水意识进一步提高。通过强化生活与服务业用水管理，加强城市供水管网改造，进一步推广节水设施和器具，提高城市生活用水效率。

6.1.1.3　节水管理体制有待完善

节水管理体制与深入推进节水型社会建设的要求还不相适应，浪费水的行为尚未完全得到有效遏制。节水工作尚未实现统一管理，节水责任主体还不明确，相关部门尚未形成有效合力。现有的节水型社会制度体系与实施最严格水资源管理制度的要求还有差距，需要加紧完善。已有节水政策法规和制度没有完全得到真正落实，执行力度不够，节约用水的利益调节机制需要进一步健全。

6.1.1.4　节水型社会建设有待深入推进

节水型社会建设主要靠水行政主管部门推动，离全方位、全过程节水的要求还有一定差距。水资源高效利用的工程技术体系有待完善，先进实用的高效节水技术开发和推广应用力度不够。取水、用水和排水的计量与监测设施还不健全，监控体系建设需要进一步加强。节水宣传教育和社会监督力度仍需继续提高，公众参与机制还需要不断完善。

6.1.2　现状用水水平与用水效率

近年来，固始县积极实施节水措施，取得了一定成效，且用水效率相对比较高，见表6-1。2015年固始县人均用水量（常住人口）为329.1 m^3，农田灌溉亩均用水量为177.7 m^3，万元GDP用水量为124.5 m^3，万元工业增加值用水量为36.4 m^3，城镇居民生活每人每日131.3 L，农村生活每人每日68.5 L。

表6-1　2015年固始县用水指标和用水效率分析

区域	综合用水效率		工业		农业灌溉		城市生活	
	人均用水量（m^3）	万元GDP用水量（m^3）	单位增加值用水量（m^3）	工业用水重复利用率（%）	亩均用水量（m^3）	灌溉水利用系数	城镇综合用水量（L/人）	供水综合漏损率（%）
固始县	329.1	124.5	36.4	60	177.7	0.505 4	190	22.5
信阳市	230.2	63.5	37.6	55	154.5	0.503 6	183	22.1
河南省	234.0	46.6	29.9	66	165.0	0.6	187	23.3

通过与河南省、信阳市进行比较，固始县单位用水指标和用水效率均低于河南省和信阳市同期平均水平；人均用水量、万元GDP用水量、亩均用水量、城镇综合用水量高于信阳市和河南省平均值。

6.2　节水目标与任务

6.2.1　节水目标

6.2.1.1　全面推进节水型社会建设

1. 总体目标

按照科学发展观的要求，贯彻落实“资源节约型、环境友好型社会”总方针，以提高水资源的利用效率和效益为中心，树立全社会节水意识，逐步建成制度完备、设施完善、用水高效、生态良好、科学发展的节水型社会。

2. 近期目标

到 2020 年，基本建成节水型社会。完善水权管理制度和节水制度，培育出相对成熟的水市场，形成健全高效的水管理体制；建成比较完备的现代信息化水管理体系及水资源合理配置工程技术体系；产业结构和产业布局与区域水资源承载能力相互适应；全社会形成自觉节水的风尚。

3. 远期目标

到 2030 年，完全建成节水型社会。具备完善的水权管理制度和节水制度及成熟的水市场，具有健全高效的水管理体制和完备的现代信息化水管理体系及水资源合理配置工程技术体系；产业结构和产业布局与区域水资源承载能力相互适应；社会节水蔚然成风。

6.2.1.2　城镇节水目标

2015 年，固始县节水器具普及率 65%，根据《河南省节水型社会建设“十三五”规划》及《信阳市水资源综合规划》，参照国家节水型城市考核标准，2020 年，固始县节水器具普及率达到 75%，城市管网漏损率为 11.0%；2030 年，固始县节水器具普及率达到 90%，通过管网改造等措施进一步降低城市管网漏损率到 9%。

6.2.1.3　农业灌溉节水目标

2020 年末，通过采取工程措施及非工程措施，灌溉水利用系数可望提高到 0.608。

6.2.1.4　工业节水目标

现状 2015 年固始县工业用水重复利用率为 60%，2020 年节水条件下，工业用水重复利用率提高到 65%，万元工业增加值取水量降至 25 m^3；2030 年节水条件下，工业用水重复利用率提高到 78%，万元工业增加值取水量降至 18 m^3。

从人与自然和谐方面，水环境承载能力明显提高。全面实现水系网络化，水功能区水质指标达标率为 100%。

6.2.2　节水任务

节水型社会建设的主要任务是完善以水资源总量控制与定额管理为核心的水资源管理体系，构建与水资源承载能力相适应的经济结构体系，加大水资源优化配置和高效利用的工程体系建设，完善自觉节水的社会行为规范体系，实现管理节水、结构节水、工程节水和意识节水，推进社会水循环全过程节水减排，促进全方位用水效率的提高。

与此同时，与国民经济和社会发展目标规划相一致，响应提高资源利用效率，推进节水型社会建设的目标任务。实行最严格的水资源管理制度，强化水资源、水生态、水环境承载能力刚性约束。制定调整产业规划及优化产业结构和布局，编制城市总体规划，各类开发区、产业集聚区、重大项目布局，要与水资源规划相衔接，充分考虑水资源总体承载能力，加强水资源论证，严格执行建设项目水资源论证制度。实施全民节水行动计划，加快农业、工业、城镇供水管网节水改造，加强重点用水单位监管，推广节水技术和高效节水产品。实施雨洪资源利用、再生水利用工程。

6.3　节水措施和节水潜力

6.3.1　节水措施

6.3.1.1　城镇节水措施

(1)全面推行节水型用水器具。加大节水资金投入,推广节水型设备和器具,提高节水器具普及率。严格市场准入,禁止使用国家明令淘汰的用水器具。全面推广使用生活节水器具,加快换装公共建筑中不符合节水标准的用水器具,引导居民淘汰现有不符合节水标准的生活用水器具,基本实现城市供水“一户一表”改造全覆盖。

(2)加快城市供水管网技术改造,降低输配水管网漏失率。积极采用城市供水管网的检漏和防渗技术,加快对运行使用年限长及老城区漏损严重的供水管网的更新改造,加大新型防漏、防爆、防污染管材的更新力度,降低供水管网漏水率。这不仅是节约城市水资源的重要技术措施,而且对于提高城市供水服务水平、保障供水水质安全等也具有重要意义。

(3)污水处理回用。在城市改建和扩建过程中,积极改造城镇排水网;城市大型公共建筑和供水管网覆盖范围外的自备水源单位都应建设中水系统,并逐步扩展居住小区中水系统建设的推行实施范围。

(4)加大节水宣传力度。积极展开节水宣传,普及节水教育,逐步提高节水意识,在全社会形成一个节约用水的良好风气。进一步提高全民对节水工作重要性的认识,增强广大群众的节水意识,树立节水光荣、浪费可耻的社会风尚。鼓励一水多用,养成良好的用水习惯,将大大节约城镇生活用水。

(5)合理调整水价,发挥水价在节水中的作用。随着用水水平的提高,调整水价标准,从经济上起到制约超额用水和过度用水的作用。进一步调整水价,利用经济手段促进节水发展,提高分户装表率,计量收费,逐步采用累进加价的收费方式。

(6)公共设施节水措施。加强管理,专人负责,明确考核指标,落实经济责任;推广性能好、质量高、经久耐用的自闭式用水器具或无触摸式节水器具;浴室采用单管恒温供水,淋浴器采用踏板阀、加气淋喷头;绿化用水应有明确的职责和考核指标,采用微喷等灌水技术,提高水的有效利用率。

6.3.1.2　工业节水措施

(1)工业用水重复利用。

全面推行清洁生产和高效用水,加强循环用水,一水多用,努力提高工业用水重复利用率。大力发展循环用水系统、串联用水系统和回用水系统,推进企业用水网络集成技术的开发与应用,优化企业用水网络系统;发展和推广蒸汽冷凝水回收再利用技术,发展闭式回收系统;发展外排废水回用和“零排放”技术,推广外排废(污)水处理后回用于循环冷却水系统的技术。

(2)推广工艺节水和清洁生产。

改革生产工艺,减少工业生产过程用水,是工业节水技术措施中的根本、有效途径。

在经济能力可承受的条件下，大力推广工业节水新技术、新工艺、新材料、新设备；改造落后的生产工艺和设备，特别是高耗水的工业企业，增加节水技术改造资金的投入。控制污染物排放总量，加大工业污染源治理力度，实现重点工业企业工业废水全面达标排放。把推行清洁生产同结构调整、技术进步、节能降耗、资源综合利用和加强企业管理结合起来。

(3)制度措施。

完善用水计量系统；制定和实行用水定额制度，根据企业生产技术水平制定、完善工业用水定额，完善工业节水指标体系和主要耗水行业节水设计标准。建立全市工业节水公报和信息发布制度，定期向社会发布节水工作进展，引导资源节约型、环境友好型社会发展。

(4)依法治水，加大执法检查力度，加强节水工作的管理力度。

大量的常流水、跑、冒、滴、漏现象是由设备失修和操作人员不负责任造成的，因此必需制定切实可行的管理制度和奖惩制度，实行依法治水，加强节水工作的管理力度。加强用水考核，强化监督管理体系，建立推进工业节水的领导责任制，健全考核指标和体系。

(5)用经济手段，促进节水工作。

合理调整水价，加强计量管理、定额管理，改革计量收费制度；制定合理的水价，实行优水优价和累进制水价收费制度。

(6)完善节水激励政策。

实行节水奖励、浪费惩罚制。制定和完善工业企业节水技术改造、非常规水源利用等项目的财税激励政策，对列入国家鼓励发展的节水技术、设备目录产品的企业及使用重大节水装备的企业，给予税收优惠。加大对工业节水工作的支持力度，支持节水关键技术的推广和产业化，建立落后产能淘汰和高污染企业退出机制。树立节水型企业示范典型，总结推广节水型企业的成功经验，通过配套鼓励政策、社会监督、舆论引导等措施，推动重点行业加快节水型企业建设。

化工行业：推广循环用水系统、串联用水系统、再生水回用系统，水处理技术和药剂、高效冷却节水技术及化肥、氯碱、纯碱等行业节水工艺技术，提高水的重复利用率。

食品行业：推广湿法制备淀粉工业取水闭环流程工艺、高浓糖化醪发酵和高浓度母液提取工艺，浓缩工艺普及双效以上蒸发器，推广应用余热型溴化锂吸收式冷水机组，开发应用发酵废母液、废糟液回用技术，以及新型螺旋板式换热器和工业型逆流玻璃钢冷却塔等新型高效冷却设备等。

6.3.1.3 农业节水措施

(1)发展高效节水灌溉。

大力推广高效节水灌溉，在水资源短缺、经济作物种植和农业规模化经营等地区，积极推广喷灌、微灌等高效节水灌溉。充分利用天然降水，合理配置地表水和地下水，重视利用非常规水源。积极推广高效节水技术，大力发展低压管道输水灌溉、喷灌、微灌等高效节水灌溉技术，加强高效节水技术综合集成与示范。

(2)积极发展节水农业技术和综合技术。

将节水工程技术与节水农业技术相结合,发挥综合优势,达到节水、高产、优质、高效的最终目标。节水灌溉综合技术可以提高灌溉水的利用率和生产效率,真正起到节水增产的作用。将现代工程技术、农业技术和节水管理信息技术因地制宜地进行有机结合、集成,形成高效的节水灌溉综合技术体系,并在大面积上推广应用。

(3)加强用水定额管理,推广节水灌溉制度。

在加强工程管理的同时,制定各主要农作物的用水定额,根据定额确定灌溉水量,实行控制。积极研究和推广节水灌溉制度,把有限的水量集中用于农作物用水的关键期,以扩大灌溉面积,使灌溉总体效益最大。当前要重点推广用水计量设备,做到斗渠计量控制。

(4)推广农业和生物技术节水措施。

节水措施包括土地平整、深翻深松、免耕少耕,平衡施肥、秸秆还田和增施有机肥,提高土壤肥力和吸纳、保持水分的能力。合理安排耕作和栽培制度,推广塑料薄膜覆盖及保护地栽培,发展设施农业,普及良种和使用抗旱保水剂,改进种植结构和耕作技术,提高农作物产量和产品质量,降低农田水分蒸发耗水量。

(5)加强养殖业和渔业节水。

减少小型的分散禽、畜养殖场,发展集约化养殖,加强对养殖场的水循环利用和污水处理回用。加强对渔塘的用水管理,把池塘的排水用于灌溉。

(6)加强农业节水宣传。

提高群众节水意识和节水的自觉性。建立与水资源条件相适应的节水高效农作制度,按照《水利工程供水价格管理办法》,考虑农业用水的特殊性,实行计划用水、限额供水、按方收费、超额加价等措施加强计划用水和需求管理。加强用水计量和按量收费,实行按量计费是促使其提高节水意识,采取节水措施的有效办法。

(7)完善节水激励政策。

逐步建立易于操作、用户普遍接受的农业节水奖励机制。以民办公助、以奖代补、先建后补等实现途径,鼓励和引导农民、农民用水合作组织和新型农业经营者成为节水灌溉工程建设和管理的主体。

6.3.1.4　生态环境节水

(1)科学绿化、提高节水意识。加强对技术管理人员的管理和技术培训,让技术管理人员掌握有效的灌溉技术和最有效的灌溉时间及相关植物的灌溉定额等有关知识。

(2)改变传统的漫灌方式,采用微喷等高效节水灌溉技术。

(3)充分利用中水资源。城市污水和工业废水的很大一部分经二级处理,达到中水水质要求后,即可再次利用。利用城市污水和工业废水处理后对城市绿地进行灌溉,是节约和保护城市水资源的一条重要途径,不仅可以减少地下水取用量,而且可以缓解周边河流及地下水污染问题。

6.3.2　节水潜力分析

节水潜力是通过可行的工程、技术、产业结构调整等综合节水措施在未来一定时间内可能实现的最大节水量。由于技术进步及产业调整产生的节水潜力不易准确定量，规划仅对节水工程措施产生的节水潜力进行分析，即从减少用水过程中的水量损失及增加在用水过程中的重复水利用量两方面减少水资源的消耗量。通过比较现状各用水定额及用水效率与确定节水标准差值，并根据现状的实物量指标和与节水标准相对应的用水定额（下限值）及用水效率指标（上限值），计算充分考虑节水条件下的最小用水量，比现状用水量减少的水量，即为节水潜力。节水潜力的分析主要包括城镇生活、工业、农业三个方面。

6.3.2.1　城镇生活节水潜力

城镇生活节水潜力主要表现在降低自来水管网漏失率和提高节水器具普及率两个方面。本规划所指城镇生活节水为大生活节水，包括城镇居民生活、第三产业、建筑业节水。由于节水器具普及率提高产生的节水量难以量化，规划的城镇生活节水潜力主要考虑城镇供水管网综合漏失率。

固始县城镇自来水管网漏失率现状为 22.5%，信阳市综合为 21.3%，管网漏失率有较大的降低空间。通过自来水管网改造和提高水表计量管理水平，2020 年节水情况下自来水管网漏失率降低到 11%，估算城镇生活的节水潜力为 100.0 万 m^3；2030 年节水情况下自来水管网漏失率降低到 9%，估算城镇生活的节水潜力为 167.7 万 m^3。

6.3.2.2　工业节水潜力

工业节水潜力主要表现在提高用水重复利用率和降低单位工业增加值取水量等方面。

固始县工业用水重复利用率现状为 60%。规划 2020 节水条件下年工业用水重复利用率提高到 65%，工业万元增加值取水量降低到 25 m^3，估算全县工业节水潜力为 247.0 万 m^3；2030 年节水条件下工业用水重复利用率达到 78%，工业万元增加值取水量降低到 18 m^3，估算全县工业节水潜力为 296.4 万 m^3。

6.3.2.3　农业节水潜力

农业节水潜力主要表现在采取措施提高灌溉水利用系数方面。现状年 2015 年固始县灌溉水利用系数 0.505 4，有效灌溉面积为 157.3 万亩。

规划年份 2020 年全县有效灌溉面积为 161.7 万亩，节水条件下灌溉水利用系数提高到 0.608，全县 50% 典型年份估算节水潜力为 1 071.7 万 m^3；规划年份 2030 年全县有效灌溉面积为 170.9 万亩，节水条件下灌溉水利用系数提高到 0.623，全县 50% 典型年份估算节水潜力为 1 058.9 万 m^3。

6.3.2.4　总节水潜力

经分析，2020 年固始县城镇生活、工业和农业节水总量为 1 418.7 万 m^3，其中城镇生活节水量占 7.1%，工业节水量占 17.4%，农业节水量占 75.5%；2030 年固始县城镇生活、工业和农业节水总量为 1 523.1 万 m^3，其中城镇生活节水量占 11.0%，工业节水量占 19.5%，农业节水量占 69.5%。

固始县各乡镇及各分区节水量见表 6-2、表 6-3。

表 6-2　2020 年固始县各乡(镇)节水量　　(单位:万 m^3)

行政区	农业节水量		工业节水量	生活节水量	50% 节水量	75% 节水量
	50%	75%				
中心城区	21.7	20.8	78.5	40.0	140.2	139.3
其他乡(镇)	1 050.0	1 007.9	168.5	60.0	1 278.5	1 236.4
合计	1 071.7	1 028.7	247.0	100.0	1 418.7	1 375.7

表 6-3　2030 年固始县各乡(镇)节水量　　(单位:万 m^3)

行政区	农业节水量		工业节水量	生活节水量	50% 节水量	75% 节水量
	50%	75%				
中心城区	21.5	20.4	145.7	66.0	233.2	232.1
其他乡(镇)	1 037.4	985.4	150.7	101.7	1 289.9	1 237.8
合计	1 058.9	1 005.7	296.4	167.7	1 523.1	1 469.9

6.4　节水工程

根据《固始县水利发展“十三五”规划》《固始县国民经济及社会发展第十三个五年规划》《固始县城乡总体规划(2015—2030)》及其他相关规划,进行节水型社会重点工程建设。

为确保实现规划节水目标,按照突出重点、明确导向的原则,在农业、工业、城市生活及非常规水源利用、水资源保护等方面实施一批重点节水工程项目。

6.4.1　农业节水重点工程

固始县农作物以水稻种植为主,农业节水重点从灌区节水增效、保护生态的角度,抓好输水、灌水、用水及管理过程节水,建设高效节水工程,加快实施大中小型灌区续建配套与节水改造,逐步实现渠道防渗化、井灌区管道化;完善田间灌溉设施,以大田节水技术为重点,因地制宜进行喷微灌和膜下灌等高效节水工程建设。根据《固始县水利发展“十三五”规划》,“十三五”期间固始县农业节水重点项目主要包括如下几个。

6.4.1.1　小型农田水利重点县建设项目

小型农田水利重点县项目为支渠以下田间工程的建设,解决农田灌溉最后 1 km 的问题,主要是整修斗渠及整修开挖农渠,斗、农、毛渠的节水改造,小型建筑物的配套,以及塘、堰、坝等小型水源工程的建设。项目共投资 8 970 万元,“十三五”新增效益 20 万亩。

6.4.1.2　规模化节水灌溉增效示范项目

规模化节水灌溉增效示范项目属于高效节水灌溉工程，通过管道输水、泵站提水灌溉，主要包括五片：南大桥片、赵岗片、马干十六支末梢片、泉河片和徐集片。

6.4.1.3　大中型灌区续建配套工程

1. 固始县节水改造工程

固始县梅山灌区续建配套与节水改造工程属于大型灌区续建。根据灌区总体规划要求，对建筑物毁坏严重及对灌区造成重大灾害的骨干工程安排节水改造工程。坚持以节水为中心的原则，提高渠系水利用率。以原有灌排系统和建筑物设施为基础，总结以往灌区建设及运行管理经验，尽量采用成熟的先进技术，针对工程老化，质量差，跑、冒、滴、漏水严重及卡脖子问题，采取防渗、治漏、疏通配套等工程措施加以处理。项目总投资 17 000 万元。

2. 马堽干渠续建配套与节水改造

此项目性质属于中型灌区改造。项目总投资 5 000 万元。

6.4.1.4　饮水安全工程

固始县农村饮水安全工程：通过新建集中供水工程和管网延伸供水工程解决农村饮水不安全人口 17.53 万人，总投资 14 092 万元。

固始县农业节水工程项目建设情况见表 6-4。

6.4.2　工业节水重点工程

固始县工业发展定位以食品加工、机械制造、竹木家居三大主营业为主导产业。在优化调整区域产业布局的基础上，鼓励企业进行生产工艺节水改造。对重点产业集聚区粮食加工、轻工业加工、食品等用水行业进行改造，减少用水量，提高废水处理回用能力，提高工业用水重复率。固始县工业节水工程建设情况见表 6-5。

6.4.3　城市生活节水重点工程

城市生活节水主要包括两个方面：供水管网改造和城市节水重点工程项目。固始县城镇生活节水工程项目估算总投资约 2 000 万元，详见表 6-6。

(1)城市供水管网改造。

计划投资 1 000 万，对固始县城供水管网进行改扩建，采用新型防漏、防爆、防污染管材，改造干管管网长度 20 km。

(2)节水器具普及项目。

固始县慈济高中学生公寓改造项目，对所有公寓楼用水设施进行节水改造。固始县县城中小学及医院节水工程，对固始县中小学及医院等 5 家单位安装节水器具。可节约 20% 水量，投资约 800 万元。

(3)继续推进抄表到户改造工程，加大小区和庭院供水管道改造力度；力争在 2018 年以前将现有居民用水的单位原水表和总表全面改造完毕。

表 6-4 固始县农业节水工程项目建设情况

序号	项目类别	项目名称	项目性质	项目内容	建设起止年限	总投资（万元）	“十三五”新增效益	项目简介	填表说明
1	小型农田水利重点县建设项目	小型农田水利重点县建设项目	末级渠系改造	整修斗渠 95 km，整修及开挖农渠 265 km；衬砌斗渠 75 km、农渠 204 km；配套各类建筑物 2 070 座；整治大塘 45 口	2016～2018 年	8 970	20 万亩	小型农田水利重点县项目为支渠以下田间工程的建设，解决农田灌溉最后 1 km 的问题，主要是整修斗渠及整修开挖农渠，斗、农、毛渠的节水改造，小型建筑物的配套，以及塘、堰、坝等小型水源工程的建设	小型农田水利重点县建设项目
2	节水灌溉示范项目	规模化节水灌溉增效示范项目	高效节水灌溉工程	通过管道输水、泵站提水灌溉	2016～2020 年	2 803.69	2.8 万亩	主要包括五片：南大桥片、赵岗片、马干十六支末梢片、泉河片和徐集片	
3	大中型灌区续建配套工程	固始县节水改造工程	大型灌区续建	整修及衬砌渠道 95 km，配套各类建筑物 450 座，新建灌区渠道堤顶混凝土硬化建设 40 km，改善灌区管理设施 400 m^2	2016～2020 年	17 000	20 万亩	根据灌区总体规划要求，对建筑物毁坏严重及对灌区造成重大灾害的骨干工程安排节水改造工程。坚持以节水为中心的原则，提高渠系水利用率。以原有灌排系统和建筑物设施为基础，总结以往灌区建设及运行管理经验，尽量采用成熟的先进技术，针对工程老化，质量差，跑、冒、滴、漏水严重及卡脖子问题，采取防渗、治漏、疏通配套等工程措施加以处理	固始县梅山灌区续建配套与节水改造工程
4		马堽干渠续建配套与节水改造	中型灌区	整修及衬砌渠道、配套各类建筑物	2016～2020 年	5 000			
5	饮水安全工程	固始县农村饮水安全工程	新建	解决农村饮水不安全人口 17.53 万人	2016～2020 年	14 092	17.53 万人	分新建集中供水工程和管网延伸供水工程两种类型	固始县农村饮水安全工程

表 6-5　固始县工业节水工程建设情况

序号	项目类别	项目名称	项目内容	建设起止年限	总投资(万元)
1	工业园区	固始县工业园区节水工程	园区供水管网改造、供水设备及节水器具更换	2016～2020 年	2 000

表 6-6　固始县城镇生活节水工程建设情况

<table>
<tr><th>序号</th><th>项目类别</th><th>项目名称</th><th>项目内容</th><th>建设起止年限</th><th>总投资(万元)</th></tr>
<tr><td>1</td><td>管网改造</td><td>管网改造工程</td><td>采用新型防漏、防爆、防污染管材,新建、改建供水管网 20 km</td><td>2016～2020 年</td><td>1 000</td></tr>
<tr><td>2</td><td rowspan="2">节水器具标准化及应用示范</td><td>慈济高中学生公寓改造项目</td><td>所有公寓楼用水设施节水改造</td><td>2016～2020 年</td><td rowspan="2">900</td></tr>
<tr><td>3</td><td>固始县县城中小学及医院节水工程</td><td>中小学及医院 5 家单位安装节水器具</td><td>2016～2020 年</td></tr>
<tr><td>4</td><td>抄表到户改造工程</td><td></td><td></td><td>2016～2018 年</td><td>100</td></tr>
<tr><td colspan="2">合计</td><td></td><td></td><td></td><td>2 000</td></tr>
</table>

第7章　工程规划及供水预测

7.1　供水现状分析

7.1.1　固始县城区供水现状

根据《河南省城乡建设统计资料汇编》,固始县城区供水由各企事业单位的自备水源和固始县自来水公司自来水供应系统两部分组成。2015年自来水公司系统供水能力4.5万m^3/d,自备水源供水能力1.02万m^3/d。

目前,固始县城区供水系统仅有自来水厂1座,设计供水规模4.5万m^3/d,水源为史河水。现状水厂供水水源单一,无备用水源,一旦史河出现水质突发事件,将造成重大停水事故,严重影响供水系统的正常运行和居民的正常生活。另外,现有供水厂已满负荷运行,水厂应急储备能力不足,达不到县城供水安全保障和未来战略发展要求。

7.1.2　农村供水现状

固始县农村供水工程数量104处(见表7-1)。工程覆盖人口达104.4877万人,设计供水规模6.3m^3/d。其中,分散式供水站8处,集中式供水工程92处。工程类型包括联村和单村两种。取水水源类型4类,引泉7处,沟塘1处,地下水74处,地表水22处。

单村供水工程30处,覆盖人口8.4241万人,设计供水规模0.5m^3/d;联村供水工程60处,覆盖人口96.0636万人,设计供水规模4.8m^3/d。

多数乡(镇)给水管网未形成系统,无统一的供水设施,有供水设施的乡(镇),其供水能力也不足,一般为小型水厂或供水站,供水规模小,技术条件落后,生产管理能力差,供水管网不配套,不能充分发挥效益,制约着当地社会经济的发展。

表7-1　固始县农村供水工程统计

序号	工程名称	乡(镇)	管理单位名称	工程类型	设计供水规模(m^3/d)	设计供水人口(万人)	取水水源类型
1	张广庙镇集中供水站	张广庙镇	张广庙镇人民政府	联村	1 133.4	18 890	地下水
2	方集镇二道河集中供水站	方集镇	方集镇人民政府	单村	50.4	840	地表水
3	方集镇集中供水站	方集镇	方集镇人民政府	联村	506.1	8 435	地表水
4	段集镇集中供水站	段集镇	段集镇人民政府	联村	336	5 600	地表水
5	陈淋子镇集中供水站	陈淋子镇	陈淋子镇人民政府	联村	1 323.66	22 061	地表水
6	祖师庙乡集中供水站	祖师庙乡	祖师庙乡人民政府	联村	582.06	9 701	地表水

续表 7-1

序号	工程名称	乡(镇)	管理单位名称	工程类型	设计供水规模(m^3/d)	设计供水人口(万人)	取水水源类型
7	马堽集乡集中供水站	马堽集乡	马堽集乡人民政府	联村	348	5 800	地表水
8	陈集镇臧集集中供水站	陈集镇	陈集镇人民政府	联村	410.7	6 845	地下水
9	固始县饮源供水有限公司	石佛店镇	石佛店镇人民政府	联村	1 753.2	29 220	地表水
10	洪埠乡集中供水站	洪埠乡	洪埠乡人民政府	联村	506.64	8 444	地下水
11	胡族铺镇集中供水站	胡族铺镇	胡族铺镇人民政府	联村	591	9 850	地下水
12	赵岗乡集中供水站	赵岗乡	赵岗乡人民政府	联村	341.82	5 697	地表水
13	祖师庙乡万岗集中供水站	祖师庙乡	祖师庙乡人民政府	单村	342.66	5 711	地下水
14	蒋集镇集中供水站	蒋集镇	蒋集镇人民政府	联村	590.4	9 840	地下水
15	黎集镇南元集中供水站	黎集镇	黎集镇人民政府	单村	242.88	4 048	地下水
16	杨集乡集中供水站	杨集乡	杨集乡人民政府	联村	652.26	10 871	地下水
17	武庙集镇集中供水站	武庙集镇	武庙集镇人民政府	联村	374.46	6 241	地表水
18	秀水街道办事处无量寺集中供水站	秀水街道办事处	秀水街道办事处	联村	419.82	6 997	地下水
19	丰港乡桥沟街道集中供水站	丰港乡	丰港乡人民政府	联村	232.26	3 871	地下水
20	草庙集乡广店集中供水站	草庙集乡	草庙集乡人民政府	单村	160.2	2 670	地下水
21	三河尖镇集中供水站	三河尖镇	三河尖镇人民政府	联村	1 351.98	22 533	地下水
22	陈集镇集中供水站	陈集镇	陈集镇人民政府	联村	616.36	10 276	地下水
23	观堂乡集中供水站	观堂乡	观堂乡人民政府	联村	936.36	15 606	地下水
24	张广庙镇兴安集中供水站	张广庙镇	张广庙镇人民政府	联村	620.94	10 349	地表水
25	赵岗乡石堰集中供水站	赵岗乡	赵岗乡人民政府	单村	73.68	1 228	地下水
26	黎集镇集中供水站	黎集镇	黎集镇人民政府	联村	913.2	15 220	地表水
27	泉河铺乡集中供水站	泉河铺乡	泉河铺乡人民政府	联村	904.38	15 073	地下水
28	沙河铺乡集中供水站	沙河铺乡	沙河铺乡人民政府	联村	2 187	36 450	地表水
29	往流镇集中供水站	往流镇	往流镇人民政府	联村	702.6	11 710	地下水
30	徐集乡集中供水站	徐集乡	徐集乡人民政府	联村	672.72	11 212	地下水
31	杨集乡杨庙集中供水站	杨集乡	杨集乡人民政府	单村	265.02	4 417	地下水
32	草庙集乡皮岗乡集中供水站	草庙集乡	草庙集乡人民政府	联村	417.54	6 959	地下水
33	方集镇牌坊集中供水站	方集镇	方集镇人民政府	联村	175.56	2 926	地表水
34	分水亭镇集中供水站	分水亭镇	分水亭镇人民政府	联村	726	12 100	地下水

续表 7-1

序号	工程名称	乡(镇)	管理单位名称	工程类型	设计供水规模(m^3/d)	设计供水人口(万人)	取水水源类型
35	洪埠乡代店集中供水站	洪埠乡	洪埠乡人民政府	单村	241.2	4 020	地下水
36	李店乡集中供水站	李店乡	李店乡人民政府	联村	657.12	10 952	地下水
37	柳树店乡集中供水站	柳树店乡	柳树店乡人民政府	联村	1 988.46	33 141	地下水
38	南大桥乡陆桥集中供水站	南大桥乡	南大桥乡人民政府	联村	729.3	12 155	地下水
39	汪棚镇集中供水站	汪棚镇	汪棚镇人民政府	联村	871.56	14 526	地下水
40	丰港乡童营集中供水站	丰港乡	丰港乡人民政府	联村	1 942.26	32 371	地下水
41	番城街道办事处仰庙集中供水站	番城街道办事处	番城街道办事处	联村	837	13 950	地下水
42	杨集乡余岗集中供水站	杨集乡	杨集乡人民政府	联村	615.54	10 259	地下水
43	马堽集乡蔡店社区集中供水站	马堽集乡	马堽集乡人民政府	联村	784.8	13 080	地下水
44	胡族铺镇杨店集中供水站	胡族铺镇	胡族铺镇人民政府	联村	1 539.52	25 662	地下水
45	李店乡李店集中供水站	李店乡	李店乡人民政府	联村	1 457.52	24 292	地下水
46	石佛店镇清河集中供水站	石佛店镇	石佛店镇人民政府	联村	426.9	7 115	地下水
47	汪棚镇常岗集中供水站	汪棚镇	汪棚镇人民政府	联村	609.66	10 161	地下水
48	陈集镇鲍店集中供水站	陈集镇	陈集镇人民政府	联村	852.66	14 211	地下水
49	张广庙镇石庙社区集中供水站	张广庙镇	张广庙镇人民政府	联村	507.6	8 460	地下水
50	洪埠乡马埠集中供水站	洪埠乡	洪埠乡人民政府	联村	645.36	10 756	地下水
51	洪埠乡团店集中供水站	洪埠乡	洪埠乡人民政府	联村	393	6 550	地下水
52	洪埠乡谷圩集中供水站	洪埠乡	洪埠乡人民政府	联村	666.72	11 112	地下水
53	黎集镇北元集中供水站	黎集镇	黎集镇人民政府	联村	616.44	10 274	地下水
54	往流镇六里集中供水站	往流镇	往流镇人民政府	联村	845.16	14 086	地下水
55	徐集乡堰沟集中供水站	徐集乡	徐集乡人民政府	联村	444.42	7 407	地下水
56	祖师庙镇毛店集中供水站	祖师庙镇	祖师庙乡人民政府	联村	301.62	5 027	地表水
57	胡族铺镇集中供水站	胡族铺镇	胡族铺镇人民政府	联村	1 016.58	16 943	地下水
58	杨集乡张油坊集中供水站	杨集乡	杨集乡人民政府	联村	942.6	15 710	地下水
59	李店乡刘营集中供水站	李店乡	李店乡人民政府	联村	456.54	7 609	地下水
60	丰港乡张集集中供水站	丰港乡	丰港乡人民政府	联村	562.8	9 380	地下水
61	三河尖镇万圩集中供水站	三河尖镇	三河尖镇人民政府	联村	581.7	9 695	地下水
62	分水亭镇石碑集中供水站	分水亭镇	分水亭镇人民政府	联村	1 640.58	27 343	地下水

续表 7-1

序号	工程名称	乡(镇)	管理单位名称	工程类型	设计供水规模(m^3/d)	设计供水人口(万人)	取水水源类型
63	蒋集镇栗园集中供水站	蒋集镇	蒋集镇人民政府	联村	646.5	10 775	地下水
64	国有林场集中供水站	泉河铺乡	泉河铺乡人民政府	单村	31.2	520	地下水
65	固始县天泉供水有限公司张老埠乡水厂	张老埠乡	张老埠乡人民政府	联村	1 298.52	21 642	地表水
66	草庙集乡集中供水站	草庙集乡	草庙集乡人民政府	联村	261.36	4 356	地下水
67	陈淋子镇孙滩集中供水站	陈淋子镇	陈淋子镇人民政府	联村	1 096.92	18 282	地表水
68	陈淋子镇土门岭分散式供水站	陈淋子镇	陈淋子镇人民政府	单村	120.42	2 007	引泉
69	蒋集镇何塘集中供水站	蒋集镇	蒋集镇人民政府	联村	646.02	10 767	地下水
70	黎集镇大路集中供水站	黎集镇	黎集镇人民政府	单村	147	2 450	地表水
71	黎集镇元圩集中供水站	黎集镇	黎集镇人民政府	单村	172.92	2 882	地表水
72	黎集镇茶棚集中供水站	黎集镇	黎集镇人民政府	单村	204.12	3 402	地下水
73	黎集镇水帘洞集中供水站	黎集镇	黎集镇人民政府	单村	133.8	2 230	地下水
74	丰港乡左圩集中供水站	丰港乡	丰港乡人民政府	联村	718.8	11 980	地下水
75	张老埠乡桥头集中供水站	张老埠乡	张老埠乡人民政府	联村	827.28	13 788	地表水
76	段集镇齐山分散式供水站	段集镇	段集镇人民政府	单村	91.8	1 530	引泉
77	方集镇吴上楼集中供水站	方集镇	方集镇人民政府	单村	155.64	2 594	地表水
78	胡族铺镇新店集中供水站	胡族铺镇	胡族铺镇人民政府	联村	315.9	5 265	地下水
79	草庙集乡账房集中供水站	草庙集乡	草庙集乡人民政府	联村	793.2	13 220	地下水
80	南大桥乡郑堂集中供水站	南大桥乡	南大桥乡人民政府	联村	669.06	11 151	地下水
81	段集镇下楼分散式供水站	段集镇	段集镇人民政府	单村	108.66	1 811	引泉
82	段集镇高庙集中供水站	段集镇	段集镇人民政府	单村	152.22	2 537	地表水
83	方集镇田冲分散式供水站	方集镇	方集镇人民政府	单村	29.46	491	地下水
84	武庙集镇皮冲分散式供水站	武庙集镇	武庙集镇人民政府	单村	76.98	1 283	引泉
85	武庙集镇黄岭分散式供水站	武庙集镇	武庙集镇人民政府	单村	79.44	1 324	引泉
86	武庙集镇刘中楼分散式供水站	武庙集镇	武庙集镇人民政府	单村	76.98	1 283	引泉
87	武庙集镇余楼集中供水站	武庙集镇	武庙集镇人民政府	单村	134.34	2 239	地下水
88	陈集镇康店集中供水站	陈集镇	陈集镇人民政府	联村	860.28	14 338	地下水
89	张广庙镇陈家寺集中供水站	张广庙镇	张广庙镇人民政府	单村	640.26	10 671	地下水
90	张广庙镇常岗集中供水站	张广庙镇	张广庙镇人民政府	联村	287.64	4 794	沟塘

续表 7-1

序号	工程名称	乡(镇)	管理单位名称	工程类型	设计供水规模 (m^3/d)	设计供水人口 (万人)	取水水源类型
91	汪棚镇宋集集中供水站	汪棚镇	汪棚镇人民政府	联村	326.22	5 437	地下水
92	胡族铺镇四里集中供水站	胡族铺镇	胡族铺镇人民政府	联村	534.54	8 909	地下水
93	祖师庙乡刘楼分散式供水站	祖师庙乡	祖师庙乡人民政府	单村	183.48	3 058	引泉
94	马堽集乡姚寨集中供水站	马堽集乡	马堽集乡人民政府	单村	167.4	2 790	地下水
95	洪埠乡桃花集中供水站	洪埠乡	洪埠乡人民政府	联村	447.42	7 457	地下水
96	丰港乡冯棚集中供水站	丰港乡	丰港乡人民政府	联村	286.8	4 780	地下水
97	陈集镇联塘集中供水站	陈集镇	陈集镇人民政府	单村	202.44	3 374	地下水
98	徐集乡花集集中供水站	徐集乡	徐集乡人民政府	联村	389.28	6 488	地下水
99	徐集乡吴庙集中供水站	徐集乡	徐集乡人民政府	单村	295.86	4 931	地下水
100	蒋集镇新河集中供水站	蒋集镇	蒋集镇人民政府	单村	145.92	2 432	地下水
101	张广庙镇桂桥集中供水站	张广庙镇	张广庙镇人民政府	联村	346.8	5 780	地下水
102	黎集镇长兴集中供水站	黎集镇	黎集镇人民政府	单村	98.16	1 636	地下水
103	番城街道办事处周集集中供水站	番城街道办事处	番城街道办事处	单村	229.92	3 832	地下水
104	固始县天泉供水有限公司郭陆滩镇水厂	郭陆滩镇	郭陆滩镇人民政府	联村	3 625.38	60 423	地表水

7.1.3　污水厂

固始县已运行污水处理厂共 3 座。

7.1.3.1　固始县污水处理厂

固始县污水处理厂位于固始县国营农场五队，日处理污水 4 万 t，2006 年 12 月建成。污水管网服务范围 17 km^2，服务人口 30 万人。

排放方式为连续，入河方式为明渠，排入的水功能区为史河固始排污控制区，污水处理方式为一级处理。

目前，实际日处理生活污水 3.2 万 t，运行正常，排放达标。

7.1.3.2　固始县产业聚集区污水处理厂

固始县产业聚集区污水处理厂位于固始县 204 省道迎水大桥西侧，日处理污水 3.5 万 t，2014 年 10 月建成。污水管网服务范围为 19.7 km^2，服务对象为固始县北环路以西、新西环路以东、百川路以西、312 国道以北居民。排放方式为连续，入河方式为管道。排入水体名称为周小河，排入的水功能区为灌河下游农业用水区，污水处理方式为一级处理。

目前,实际日处理生活污水 3.0 万 t,排放达标。

7.1.3.3　固始县史河湾产业集聚区污水处理厂

固始县史河湾产业集聚区污水处理厂位于固始县史河湾产业聚集区,设计排污能力 2 万 t。年排放废污水总量 18.98 万 t。服务面积 4.9 km^2,服务人口 2 万人。排放方式为间歇,入河方式为明渠。排入水体名称为长毛沟,排入的水功能区为史河固始上游农业用水区,污水处理方式为一级处理。

7.2　供水工程规划

7.2.1　区域缺水型和解决供需矛盾的途径

根据初步分析,固始县给水存在以下问题:

(1)中水利用率较低。

(2)水资源管理混乱。

(3)境内蓄水工程较少,水量大部分依靠对梅山水库及鲇鱼山水库引水。

(4)水质污染现状依然存在。供水水质无法满足要求,供水安全性低。主要针对农村居民集中供水方面。

(5)管网亟待改造更新,供水管网有待进一步整合。城区管网缺乏系统性,管网布置多为枝状,管径较小,不适应城市建设的发展,供水的水量、水压,供水的可靠性和安全性都得不到保证。

为此,要解决供需矛盾,需采取以下途径:

(1)加强污水处理和再生水利用,积极开展城市雨水利用工作,解决城市环境用水需要。

(2)建立健全饮用水水源保护区制度,保护好饮用水源。强化饮用水水源地保护的监督管理。

(3)加大境内大中型引水调蓄工程和河湖水系连通工程的规划。

(4)节约用水。大力开展节水宣传,提高全民节水意识。

(5)新增和改造城镇的供水设施(水厂和供水管网)。采用先进工艺新建水厂,改进现有制水工艺,不断完善供水管网,提高供水覆盖率,保证用户供水安全可靠。

7.2.2　县城城市供水规划

在现状供水的基础上,根据城市发展所需水量,提出供水水源和水厂规划。

固始县自来水总公司现状供水能力为 4.5 万 m^3/d。随着固始县城区面积逐步扩大,城区需水量将逐渐增加;且产业集聚区无集中供水设施,现状供水厂日供水能力将无法满足城区及产业集聚区供用水需求。

新建固始县"引鲇入固"工程属于 PPP 项目。该工程水源为鲇鱼山水库水,通过 56.9 km 的输水线路引水至固始县新建净水厂。新建净水厂位置选在规划南环路与 S204 省道交叉口西南角,水厂从水库取水采用输水管道送至水厂,经过水厂净化消毒处理后,由送水泵房加压后经给水管网向用户提供符合国家饮用水标准的生活饮用水和工业用水。新建净水厂近期(2020 年)建设规模为 10 万 m^3/d,远期(2030 年)建设规模达到总设计规模 20 万 m^3/d。考虑为沿线乡(镇)预留 1 万 m^3/d,2020 年和 2030 年工程总供水规模分别为 11 万 m^3/d 和 21 万 m^3/d。供水管网工程服务范围为固始县城区,新建城区配套供水管网 151.466 km。“引鲇入固”工程,2020 年需从鲇鱼山水库取水量 2 040 万 m^3(5.59 万 m^3/d),2030 年需从鲇鱼山水库取水量 3 771 万 m^3(10.33 万 m^3/d)。

安全饮水工程方面,“十三五”期间,持续巩固完善这项工程,强化运营管理 ,改造水厂 17 处 ,新建水厂 5 处,新增受益人口 17.53 万人,使这项民生工程更好地发挥效益。

2030 年固始县域供水设施及水源规划见表 7-2。

表 7-2　2030 年固始县域供水设施及水源规划

地域	规划水厂(万 m^3/d)		规划水源	供水范围
中心城区	第一水厂(备用)	4.5	史河水	中心城区
	第二水厂(新建)	20	鲇鱼山水库为水源。石壁水库和白果冲水库为备用水源	中心城区、汪棚镇、柳树店乡、沙河铺乡
陈淋子镇	陈淋子镇水厂(扩建)	1.5～2.5	近期史河地表水,远期石壁水库	镇区及周边
三河尖镇	三河尖镇水厂(扩建)	1.3～1.5	地下水	镇区及周边
段集镇	段集镇水厂(扩建)	1.0～1.3	地表(山泉)水	镇区及周边
胡族铺镇	胡族铺镇水厂(扩建)	0.8～1.3	地下水	镇区及周边
陈集镇	陈集镇水厂(扩建)	0.8～1.3	地下水	镇区及周边
蒋集镇	蒋集镇水厂(扩建)	0.8～1.3	地下水	镇区及周边
黎集镇	黎集镇水厂(扩建)	0.8～1.3	近期史河地表水,远期石壁水库	镇区及周边
往流镇	往流镇水厂(扩建)	0.8～1.3	地下水	镇区及周边
方集镇	方集镇水厂(新建)	0.4～0.6	近期地表(山泉)水,远期白果冲水库	镇区及周边
郭陆滩镇	张老埠乡天泉水厂	0.4～0.6	史河水	镇区及周边
汪棚镇	中心城区第二水厂(新建)	0.4～0.6	鲇鱼山水库为水源,石壁水库和白果冲水库为备用水源	中心城区、汪棚镇、柳树店乡、沙河铺乡
张广庙镇	张广庙镇水厂(扩建)	0.4～0.6	地下水	镇区及周边
分水亭镇	分水亭镇水厂(扩建)	0.4～0.6	地下水	镇区及周边
武庙集镇	武庙集镇水厂(新建)	0.4～0.6	地表(山泉)水	镇区及周边

续表 7-2

地域	规划水厂(万 m³/d)		规划水源	供水范围
南大桥乡	南大桥乡水厂(扩建)	0.4～0.6	鲇鱼山水库为水源，地下水备用	镇区及周边
沙河铺乡	中心城区第二水厂(新建)	0.4～0.6	鲇鱼山水库为水源,石壁水库和白果冲水库为备用水源	中心城区、汪棚镇、柳树店乡、沙河铺乡
洪埠乡	洪埠乡水厂(新建)	0.4～0.6	地下水	镇区及周边
柳树店乡	中心城区第二水厂(新建)	0.4～0.6	鲇鱼山水库为水源,石壁水库和白果冲水库为备用水源	中心城区、汪棚镇、柳树店乡、沙河铺乡
石佛店镇	石佛店镇水厂(扩建)	0.4～0.6	地下水	镇区及周边
泉河铺乡	泉河铺乡水厂(扩建)	0.4～0.6	地下水	镇区及周边
祖师庙乡	祖师庙乡水厂(扩建)	0.4～0.6	地表(山泉)水	镇区及周边
李店乡	李店乡水厂(扩建)	0.4～0.6	地下水	镇区及周边
马堽集乡	马堽集乡水厂(扩建)	0.4～0.6	地下水	镇区及周边
丰港乡	丰港乡水厂(扩建)	0.4～0.6	地下水	镇区及周边
徐集乡	徐集乡水厂(扩建)	0.4～0.6	地下水	镇区及周边
观堂乡	观堂乡水厂(扩建)	0.4～0.6	地下水	镇区及周边
杨集乡	杨集乡水厂(扩建)	0.4～0.6	地下水	镇区及周边
草庙集乡	草庙集乡水厂(扩建)	0.4～0.6	鲇鱼山水库	镇区及周边
赵岗乡	赵岗乡水厂(扩建)	0.4～0.6	地下水	镇区及周边
张老埠乡	张老埠乡天泉水厂	0.4～0.6	地下水	镇区及周边

7.2.3　农业灌溉供水规划

固始县耕地面积 236 万亩，全县现状有效灌溉面积 157.5 万亩，其中节水灌溉面积 31.5 万亩。灌溉水基本为引用鲇鱼山水库及梅山水库水。

加快梅山、鲇鱼山两大灌区续建配套与节水改造工程的实施，抓好 13 处中小型灌区完善和改造，着力实施好小农水重点县工程项目。充分利用各行业涉水项目资金，着力引导建设末级渠系及田间工程，逐步改善灌溉工程最后 1 km 的问题；坚持不懈地搞好冬春季农田水利基本建设，加快沟、塘、堰、坝整修改造扩建的步伐，增强蓄水能力，使全县的有效灌溉面积有所提高。

综合考虑全县自然地理，水资源条件区域经济社会发展水平，农田水利发展现状及农业特点，因地制宜选择管灌作为高效节水灌溉模式，十三五期间，规划①南大桥片分布在石槽河右岸 S204 省道两侧；②赵岗乡片区分布在急流涧河左岸；③三河尖镇片区分布在淮河右岸鲇鱼山马岗干渠十六支末梢；④徐集乡片区分布在梅山中干十二支末梢沿淮低洼易涝区；⑤泉河铺镇片区分布在梅山东干下游右侧。采用机井、泵站与管道相结合灌溉；⑥县规划枣林基地：赵岗、武庙、祖师、段集、方集、陈淋子等采用喷灌和滴灌的方式灌溉。

根据《固始县十三五高效节水灌溉总体实施方案》，计划从十三五发展高效节水灌溉面积 3.09 万亩，其中发展低压管灌面积 0.3 万亩、微灌面积 2.79 万亩，实现全县农业高效节水灌溉面积零突破。

2020 年通过灌排工程与配套工程建设，全县新增有效灌溉面积 4.425 万亩，有效灌溉面积达到 161.7 万亩，灌溉水有效利用系数提高到 0.608。至 2030 年，在 2020 年基础上新增有效灌溉面积 9.2 万亩，有效灌溉面积达到 170.9 万亩，灌溉水有效利用系数提高到 0.623。

7.2.4　非常规水资源利用工程

加快推进再生水的利用，实现资源利用、环境改善和污染减排等多种功能。建立完善再生水利用激励政策，鼓励污水处理厂采用再生水利用技术。

根据《固始县城乡总体规划（2015—2030）》，2020 年固始县污水处理率达到 88%，污水再生利用率不低于 25%；2030 年固始县污水处理率达到 95%，污水再生利用率不低于 30%。

2030 年固始县域污水处理设施规划见表 7-3。

表 7-3　2030 年固始县域污水处理设施规划

<table>
<tr><th>地域</th><th>污水量（万 m^3/d）</th><th colspan="2">规划污水厂规模（万 m^3/d）</th><th>服务范围</th></tr>
<tr><td rowspan="3">中心城区</td><td rowspan="3">16（含柳树店及沙河铺污水量 1 万 m^3/d）</td><td>第一污水厂处理厂（扩建）</td><td>4.0</td><td>红苏路以东，史河以西区域</td></tr>
<tr><td>第二污水厂处理厂（扩建）</td><td>9.0</td><td>红苏路以西区域、汪棚镇</td></tr>
<tr><td>第三污水厂处理厂（新建）</td><td>3.0</td><td>史河以东，柳树店及沙河铺</td></tr>
<tr><td>沙河铺乡</td><td>0.25～0.37</td><td rowspan="2">第三污水厂处理厂（扩建）</td><td rowspan="2">3.0</td><td rowspan="2">史河以东，柳树店及沙河铺</td></tr>
<tr><td>柳树店乡</td><td>0.25～0.37</td></tr>
<tr><td>汪棚镇</td><td>0.25～0.37</td><td>第一污水厂处理厂（扩建）</td><td>3.0</td><td>红苏路以西区域、汪棚镇</td></tr>
<tr><td>陈淋子镇</td><td>0.92～1.54</td><td rowspan="6">乡（镇）级污水处理厂</td><td>1.0～1.6</td><td rowspan="6">镇区级周边村庄</td></tr>
<tr><td>三河尖镇</td><td>0.77～0.92</td><td>0.8～1.0</td></tr>
<tr><td>段集镇</td><td>0.62～0.77</td><td>0.7～0.8</td></tr>
<tr><td>胡族铺镇</td><td>0.46～0.77</td><td>0.5～0.8</td></tr>
<tr><td>陈集镇</td><td>0.46～0.77</td><td>0.5～0.8</td></tr>
<tr><td>蒋集镇</td><td>0.46～0.77</td><td>0.5～0.8</td></tr>
</table>

续表 7-3

地域	污水量(万 m^3/d)	规划污水厂规模(万 m^3/d)		服务范围
黎集镇	0.46～0.77	乡(镇)级污水处理厂	0.5～0.8	镇区级周边村庄
往流镇	0.46～0.77		0.5～0.8	
方集镇	0.25～0.37		0.3～0.4	
郭陆滩镇	0.25～0.37		0.3～0.4	
张广庙镇	0.25～0.37		0.3～0.4	
分水亭镇	0.25～0.37		0.3～0.4	
武庙集镇	0.25～0.37		0.3～0.4	
南大桥乡	0.25～0.37		0.3～0.4	
洪埠乡	0.25～0.37		0.3～0.4	
石佛店镇	0.12～0.25		0.2～0.3	
祖师庙乡	0.12～0.25		0.2～0.3	
泉河铺乡	0.12～0.25		0.2～0.3	
李店乡	0.12～0.25		0.2～0.3	
马堽集乡	0.12～0.25		0.2～0.3	
丰港乡	0.12～0.25		0.2～0.3	
徐集乡	0.12～0.25		0.2～0.3	
观堂乡	0.12～0.25		0.2～0.3	
杨集乡	0.12～0.25		0.2～0.3	
草庙集乡	0.12～0.25		0.2～0.3	
赵岗乡	0.12～0.25		0.2～0.3	
张老埠乡	0.12～0.25		0.2～0.3	

7.2.5 新建供水工程

7.2.5.1 石壁水库

石壁水库为新建大型水库，大坝坝址位于长江河留梦河口下游 1 km 处陈淋子镇境内，控制流域面积 113 km^2，该河段河槽宽约 100 m，河床高程 120 m，河床平均比降约 1/200。水库兴利库容 1.1 亿 m^3。

大坝坝顶高程考虑安全超高 5 m，初步确定为 170 m，坝高 50 m，主要工程为大坝、溢洪道、输水洞及灌溉配套系统，移民搬迁及环库交通道路。估算投资 12 亿元。

7.2.5.2 杨山水库

杨山水库是一座以灌溉、供水为主，兼顾防洪、养殖、旅游开发及生态保护等综合效益发挥的中型水库，坝址区位于河南省固始县段集镇柳林村，距段集镇城区 7 km，距固始县县城 33 km,坝址以上控制流域面积 20.4 km^2。

杨山水库位于河南省固始县急流涧河上,水库建成后每年可向下游亮山灌区提供灌溉用水量为 415.6 万 m^3、段集镇镇区居民生活及工业生产供水量为 348.6 万 m^3,以及下游河道生态环境供水量 114.2 万 m^3。

7.2.5.3 白果冲水库

白果冲水库是一座以防洪、灌溉、发电为主,兼顾养殖等综合效益发挥的中型水库,坝址区位于河南省固始县石槽河上游。兴利库容 3 200 万 m^3。

7.2.5.4 25 座小(2)型水库

新建刘楼等 25 座小(2)型水库。

固始县新建工程统计见表 7-4。

表 7-4 固始县新建工程统计

地区	水库类型	水库名称	兴利库容(万 m^3)	备注
固始县	大型	石壁水库	11 000	
	中型	白果冲水库	3 200	
		杨山水库	500	
	小型	25 座小型水库		
	城区调蓄工程	原联山水库	500	城市备用水源

7.3 规划水平年可供水量预测

可供水量是指在满足河道内和地下水系统生态环境用水要求的前提下,根据来水条件、需水要求以及供水系统的运用状况进行调算,可提供河道外利用的水量,包括地表水、地下水和其他水源等不同水源供水的可供水量。

7.3.1 可供水量预测的原则与方法

可供水量计算与水资源供需平衡计算是同步进行的,是来水、需水、供水系统耦合计算的成果。

(1)各水平年可供水量按地表水、地下水及再生水三项计算,地表水包括蓄水工程、引水工程和提水工程,地下水指机井工程。

(2)地表水水源供水工程可供水量预测分 50%、75% 两个水文代表年进行分析计算。

(3)地下水水源多年间变化速度缓慢,可供水量按多年平均计算。

(4)基准年可供水量根据已建成供水工程规划、设计资料,考虑其运行情况及实际供水和工程老化供水能力衰减等情况进行分析计算。规划水平年可供水量预测在基准年可供水量基础上进行,一方面充分考虑已建成供水工程经过挖潜、改造、配套及水量的合理调配后新增加的可供水量,而且要考虑工程老化、损坏、淤积等因素对其供水能力的衰减影响;另一方面结合新建、续建工程,根据工程计划实施进度、资金投入程度、配套完善程度等分析其在规划水平年可能达到的供水量。

7.3.2　地表水可供水量预测

地表水源工程分为蓄水工程、引水工程和提水工程。固始县境内蓄水工程较少，灌溉和城镇生活主要依靠引用鲇鱼山水库及梅山水库水。

7.3.2.1　蓄水工程可供水量

蓄水工程供水根据工程级别分别计算，主要分类如下：

(1)对于有长系列来水和用水资料的大中型水库采用长序列调节计算法分析多年平均、不同保证率的可供水量。

(2)不具备长系列水资源资料的地区，采用典型年法分析不同保证率的可供水量。

(3)小型水库及塘坝工程，采用简化计算，利用兴利库容乘以复蓄系数法进行估算。规划新建的地表水蓄水工程可根据规划直接取值。

本次规划参考《信阳市综合规划》中的可供水量计算方法，大型水库长系列水文资料齐全，利用多年平均调节方法计算可供水量。中型水库：城市生活、工业可供水量直接采用水行政部门审批供水额度，以及供水范围、用水户。50%保证率年份农业灌溉可供水量，采用近年的平均灌溉供水量；75%保证率年份农业灌溉可供水量，大型水库具有多年调节能力，按平均值的1.2倍估算，中型水库则按平均值的70%～80%估算；各县(区)灌溉供水量按设计灌溉面积比分配。

蓄水工程包括两部分：跨区域水库引水及境内蓄水工程。

1.跨区域水库引水

跨区域水库引水包括鲇鱼山水库及梅山灌区部分。对于大中型灌区，需考虑其供水(灌溉)收益范围。

根据鲇鱼山水库调算结果，多年平均可供水量为39 808万m^3，其中固始县可供水量为19 638万m^3。

鲇鱼山水库供水包括灌溉及生活两部分：鲇鱼山灌区总设计灌溉面积125.7万亩，其中固始县境内设计灌溉面积77.87万亩，有效灌溉面积70万亩，涉及13个乡(镇)。扣除生活供水后，按设计灌溉面积比分配，鲇鱼山灌区可供固始县灌溉水量为19 638万m^3。生活供水为新建引鲇入固工程。2020年引鲇入固工程引水量为2 040万m^3，2030年引鲇入固工程引水量为3 771万m^3。

梅山灌区固始县境内设计灌溉面积68万亩，有效灌溉面积58万亩。涉及固始县20个乡(镇)。灌区灌溉安徽、河南两省的金寨、霍邱、六安、固始、商城五县土地。经豫皖两省协议，豫皖两省供水比例为1:2.7，对河南省年均供水限额为2.2亿～2.5亿m^3。不足部分，通过黎集拦河枢纽调蓄区间径流补充。受益范围涉及固始县、商城两县75个乡(镇)342个行政村，其中以固始县为主。灌区水源由梅山水库、黎集枢纽以上区间径流、小型水库及塘、湖、堰、坝、地下水等几部分组成。梅山水库引水均为灌溉用水，考虑固始县境内设计灌溉面积68万亩，梅山水库规划年份可供水量为2.0亿m^3。

表 7-5　规划年份鲇鱼山及梅山水库可供水量

蓄水工程	用水类型	2020 年	2030 年
鲇鱼山水库	灌溉、生活	19 638 万 m^3，其中生活用水 2 040 万 m^3	19 638 万 m^3，其中生活用水 3 771 万 m^3
梅山水库	灌溉	20 000 万 m^3	

2. 境内蓄水工程

固始县小型水库及塘堰坝。

固始县境内包括 61 座小型水库、18 131 座塘堰坝，其中小型水库 50% 保证率年份农业灌溉可供水量按兴利库容的 50% ~70% 估算；75% 保证率年份农业灌溉可供水量按兴利库容的 40% ~60% 估算，则各类塘堰坝约 1. 798 8 万处，总蓄水能力 13 921 万 m^3，平水年份 2020 年、2030 年小型水库及塘堰坝可供水量分别为 8 625 万 m^3 和 9 439 万 m^3，见表 7-6、表 7-7。

固始县 2020 年蓄水工程平水年份可供水量 48 263 万 m^3，枯水年份可供水量 39 741 万 m^3。

表 7-6　固始县规划年份(2020 年)蓄水工程可供水量　（单位：万 m^3）

行政区	塘堰坝和小型水库		鲇鱼山		梅山灌区		蓄水工程	
	50%	75%	50%	75%	50%	75%	50%	75%
中心城区	357	271	3 481	3 254	0	0	3 838	3 525
其他乡(镇)	8 268	6 309	16 157	13 608	20 000	16 300	44 425	36 217
合计	8 625	6 580	19 638	16 862	20 000	16 300	48 263	39 742

表 7-7　固始县规划年份(2030 年)蓄水工程可供水量　（单位：万 m^3）

行政区	塘堰坝和小型水库		鲇鱼山		梅山灌区		蓄水工程	
	50%	75%	50%	75%	50%	75%	50%	75%
中心城区	391	310	5 070	4 843	0	0	5 462	5 153
其他乡(镇)	9 048	7 190	14 568	12 019	20 000	16 300	43 615	35 509
合计	9 439	7 500	19 638	16 862	20 000	16 300	49 077	40 662

7.3.2.2　引水、提水工程可供水量

引水、提水工程的计算通常是根据取水口的设计径流量和引水、提水工程的能力及水权管辖下的水量来计算可供水量，表达为

$$W_{YT} = \sum_{i=1}^{I} \min(Q_i, H_i, X_i)$$

式中：Q_i 为第 i 时段取水口可引流量；H_i 为第 i 时段工程的引提能力；X_i 为第 i 时段的需水量；I 为计算时段数。

(1)固始县境内引水闸数量185个,涉及饮水设施18处,年供水能力2 939万m^3。

(2)水泵数量95座,包括小(1)型泵站40座、小(2)型泵站55座,其中河湖取水泵站86座。年供水能力2 516万m^3。

在对现状工程供水能力、工程布局和运行情况,以及水资源开发利用程度与存在问题等综合调查分析的基础上,考虑到现有水利工程除险加固和当地地表水水质问题,固始县当地地表水平水年可供水量为53 718万m^3。

7.3.3　地下水可供水量预测

根据《固始县水资源调查评价》,固始县平原区地下水可开采量为22 734万m^3。

固始县共计机电井13 7821眼。2015年固始县浅层地下水供水量为2 453万m^3。

根据河南省水资源管理“三条红线”控制要求,固始县地下水控制指标逐年减少。2015年固始县地下水控制指标为3 483万m^3,2020地下水控制指标为2 668万m^3。2015~2020年指标下降率为5.2%。2020年固始县地下水控制指标即为规划年可供水量。根据豫水政资〔2014〕54号,固始县2030年地下水控制目标为2 101万m^3。2030年固始县地下水可供水量为2 101万m^3。

固始县不同水平年地下水可供水量见表7-8。

表7-8　固始县不同水平年地下水可供水量限制

行政区名称	2015年	2020年	2030年
固始县	3 483	2 668	2 101

7.3.4　非常规水分析

固始县非常规水利用主要指污水处理再利用。城市污水来源于生活和生产,城市污水经集中处理后,在满足一定水质要求的情况下,可用于农田灌溉及生态环境用水,固始县污水回用量采用各规划水平年污水处理能力乘以污水回用率的方法计算。

根据《固始县城乡总体规划(2015—2030)》,2020年固始县污水处理率达到88%,污水再生利用率不低于25%;2030年固始县污水处理率达到95%,污水再生利用率不低于30%。

再生水主要作为工业用水、城镇杂用水和景观环境用水、水系补水。城镇杂用水主要包括浇洒道路和绿地用水。规划2020水平年和2030水平年固始县再生水利用量分别为1 329万m^3和1 722万m^3。

7.3.5　可供水量汇总

依据上述预测的原则和方法,结合固始县各分区内需水量进行供需平衡计算,现状年50%、75%保证率情况下的可供水量分别为5.720 1亿m^3、4.867 9亿m^3。

固始县2020年50%、75%保证率可供水量分别为5.771 3亿m^3、4.919 3亿m^3。

2030年50%、75%保证率可供水量分别为6.166 0亿m^3、5.258 3亿m^3。

固始县规划水平年可供水量预测成果见表7-9~表7-11。

表 7-9　固始县不同水平年供水量计算成果汇总　（单位：万 m^3）

县区	保证率	供水类型			
		地表水	地下水	中水	合计
2020 年	50%	53 716	2 668	1 329	57 713
	75%	45 196	2 668	1 329	49 193
2030 年	50%	57 837	2 101	1 722	61 660
	75%	48 760	2 101	1 722	52 583

表 7-10　2020 年固始县各乡（镇）规划水平年供水量成果　（单位：万 m^3）

行政区	当地水资源可供水量						中水	合计	
	蓄水		引水		提水	地下水			
	50%	75%	50%	75%				50%	75%
中心城区	3 838	3 525	131	131	196	232	643	5 039	4 726
其他乡（镇）	44 427	36 217	2 808	2 808	2 318	2 438	691	52 674	44 468
合计	48 265	39 742	2 939	2 939	2 514	2 670	1 334	57 713	49 194

表 7-11　2030 年固始县各乡（镇）规划水平年供水量成果　（单位：万 m^3）

行政区	当地水资源可供水量						中水	合计	
	蓄水		引水		提水	地下水			
	50%	75%	50%	75%				50%	75%
中心城区	5 750	5 383	131	131	196	181	832	7 092	6 726
其他乡（镇）	46 630	37 919	2 808	2 808	2 318	1 919	884	54 566	45 847
合计	52 380	43 302	2 939	2 939	2 514	2 100	1 716	61 660	52 583

第 8 章　水资源配置

8.1　基本思路

水资源配置是以水资源供需分析为基础手段，以水资源配置优化模型为计算手段，在现状供需分析和对各种合理抑制需求、有效增加供水、积极保护生态环境的可能措施进行组合及分析的基础上，借助计算机模拟技术，对各种可行的水资源配置方案进行生成、评价和比选，提出推荐方案，以作为制订总体布局与实施方案的基础。

水资源合理配置是水资源综合规划的一个重要组成部分。它以水资源评价、开发利用评价以及需水预测、供水预测、节水规划、水资源保护等工作的成果为基础，分析水资源的动态供需平衡状况，明晰各水资源配置方案下的供需平衡情况，研究开源节流及污水处理、回用的最佳组合，工程措施和非工程措施并举，对有限的不同形式的水资源进行科学合理的分配，其最终目的就是实现水资源的可持续利用，保证社会经济、生态环境的协调发展。重点内容如下：

（1）水资源供需平衡分析。选取 2015 年为现状年，以 2020 年、2030 年为规划水平年，对各行政分区的不同水平年在不同保证率下（$P=50\%$、$P=75\%$）的需水和供水进行预测，并做出相应的以现状供水能力为一次平衡分析、以节约用水下为二次供需平衡分析。这一工作为水资源配置方案可行域确定和水资源配置方案选择奠定基础。

（2）水资源配置优化模型及配置方案比选。以水资源配置优化模型为基础，采用编制的计算机模拟软件，对各种可能方案进行多次模拟计算，通过分析比较最终得到较为合理的推荐方案。并对比选的配置方案及其主要措施进行技术经济分析。这是进行水资源优化配置的核心工作。

8.2　水资源供需分析

8.2.1　供需分析方法

水资源供需平衡分析以行政分区为单元，根据水量平衡原理，对各分区内水资源供、用、耗、排水等进行分析计算，得出不同水平年的相关指标。本次供需分析计算采用二次供需平衡的方法。一次供需分析是考虑人口的自然增长、经济的发展、城市化程度和人民生活水平的提高，按需水预测的基本方案，即在现状水资源开发利用格局和发挥现有供水工程潜力的情况下，进行水资源供需分析；若一次供需分析缺口较大，或者超用水总量控制目标较多，则在此基础上进行二次供需分析，即考虑强化节水、污水处理再利用、挖潜配套以及合理提高水价、调整产业结构、合理抑制需求和保护生态环境等措施进行水资源供需分析。

8.2.1.1　一次供需平衡(基本方案)

一次水资源供需平衡是指在区域现状供水能力与外延式增长用水需求间所进行的水量平衡分析。水资源需求按满足国民经济发展和生态环境用水要求进行计算,水资源供给按规划年可供水量计算。通过一次供需平衡来分析现状供水能力与外延式用水需求间的缺口,充分暴露现状条件下未来水资源供需矛盾,用以说明加强控制区域人口增长、进行工农业生产结构调整、节水改造等措施的必要性,为合理配置节水、防污、挖潜及其他新增供水措施的分析工作奠定基础,为水资源的开源和节流措施提供切入点。同时考虑最严格水资源管理用水总量控制,在不缺水的情况下,分析规划水平年需水是否超出用水总量控制指标的限制。

8.2.1.2　二次供需平衡(节水方案)

二次水资源供需平衡是在一次平衡分析基础上,通过各项节水措施压缩需水增长速度,挖掘节水潜力;通过开源建设进一步挖掘区域内供水潜力,并加强污染治理等措施改善水质、增加水资源可利用量,使一次平衡下的供需缺口或超出用水总量控制目标的部分大幅度地降低。

8.2.2　现状年供需分析

根据《固始县水资源公报》,2015 年固始县供用水统计汇总见表 8-1。固始县 2015 年总用水量、总供水量均为 3.551 4 亿 m^3,供用水达到平衡。

表 8-1　2015 年固始县供用水统计汇总　(单位:万 m^3)

生活		第一产业			第二产业		第三产业	生态	用水总量	地表水			地下水	供水总量
城镇生活	农村生活	农田灌溉	林牧渔	牲畜	工业	建筑业				蓄水	引水	提水	浅层水	
2 906	1 588	25 607	775	624	2 928	281	615	191	35 514	13 626	12 620	6 816	2 452	35 514

8.2.3　供需分析成果

8.2.3.1　一次供需分析(基本方案)

根据需水预测分析及供水预测分析,得到不同规划水平年水资源供需平衡成果的一次供需分析成果。

一次供需平衡分析是指在现状工程条件下,不考虑新水源开发、供水量的增加及不同水平年需水量预测成果所进行的水资源平衡分析。根据固始县现状年可供水量及各水平年需水量进行了一次供需平衡分析(见表 8-2),结果如下:

2020 水平年,在保证率 50% 时全县不缺水,富余水量为 12 052 万 m^3,富余水率为 26.39%;在保证率 75% 时全县不缺水,富余水量为 41 万 m^3,富余水率为 0.08%,其中其他乡(镇)缺水量为 121 万 m^3,缺水率为 0.27%。

2030 水平年,在保证率 50% 时全县不缺水,富余水量为 11 024 万 m^3,富余水率为 21.77%;在保证率 75% 时全县缺水量为 1 936 万 m^3,缺水率为 3.55%,中心城区缺水量为 53 万 m^3,缺水率为 0.78%,其他乡(镇)缺水量为 1 883 万 m^3,缺水率为 3.94%。

由此可以看出，现状工程条件下，不考虑新水源开发、供水量的增加，固始县在保证率较高时将面临严重的缺水态势，水资源短缺已成为固始县经济社会可持续发展的制约因素。

8.2.3.2　二次供需分析(节水方案)

固始县是一个水资源相对短缺的地区，由于部分行政区长期过量开采地下水，已造成一定程度的环境地质问题。为缓解水资源供需矛盾和保护开采地下水，需通过加大水利工程建设增加地表水供水能力、增加污水中水回用力度等措施来降低缺水程度。

此次供水量中新增当地地表水源工程和污水利用，进行二次供需平衡分析(见表 8-2)，分析结果如下：

表 8-2　固始县水资源供需平衡分析　(单位：万 m^3)

供需平衡分析	年份	乡镇	可供水量		需水量		余(缺)水量		余(缺)水率(%)	
			50%	75%	50%	75%	50%	75%	50%	75%
一次供需平衡分析	2020	中心城区	5 039	4 726	4 436	4 564	603	162	13.58	3.54
		其他乡(镇)	52 676	44 467	41 227	44 588	11 449	-121	27.77	-0.27
		全县	57 715	49 193	45 663	49 152	12 052	41	26.39	0.08
	2030	中心城区	7 092	6 725	6 636	6 778	456	-53	6.86	-0.78
		其他乡(镇)	54 568	45 857	44 000	47 740	10 568	-1 883	24.02	-3.94
		全县	61 660	52 582	50 636	54 518	11 024	-1 936	21.77	-3.55
二次供需平衡分析	2020	中心城区	5 039	4 726	4 193	4 327	846	399	20.17	9.22
		其他乡(镇)	52 676	44 468	38 700	42 216	13 976	2 252	36.12	5.33
		全县	57 715	49 194	42 893	46 543	14 822	2 651	34.56	5.69
	2030	中心城区	7 092	6 725	6 113	6 261	979	464	16.01	7.41
		其他乡(镇)	54 568	45 857	40 970	44 875	13 598	982	33.19	2.19
		全县	61 660	52 582	47 083	51 136	14 577	1 446	30.96	2.83

2020 水平年，在保证率 50% 时全县不缺水，富余水量为 14 822 万 m^3，富余水率为 34.56%；在保证率 75% 时全县不缺水，富余水量为 2 651 万 m^3，富余水率为 5.69%。

2030 水平年，在保证率 50% 时全县不缺水，富余水量为 14 577 万 m^3，富余水率为 30.96%；在保证率 75% 时全县不缺水，富余水量为 1 446 万 m^3，富余水率为 2.83%。

可以看出，在增加当地水源工程、节约用水的情况下，固始县水资源短缺矛盾较一次供需有所缓和，2020 年、2030 年保证率 50% 和 75% 条件下能保证正常用水，由于水源众多，且各自的供水户不同，为了实现供水效益的最大化，需要对水资源进行优化配置。

8.3　水资源优化配置模型

8.3.1　基本原则

一是坚持水资源可持续利用以供定需的原则；二是按照生活—工业—农业—生态环

境优先次序配置；三是优质优用经济可行；四是保护地下水原则，近几年地下水严重超采，减少地下水开采量，使地下水趋于合理开采；五是合理利用外调水，对鲇鱼山水库、梅山水库水量进行合理配置。

8.3.2 目标函数

本次配置以可持续发展理论为基础，强调社会经济—人口—资源—生态环境的协调发展，遵循水资源的供需平衡、时间上和空间上的水量和水质统一控制。因此，对于固始县水资源优化配置是多目标的，以经济效益、环境效益和社会效益等综合效益最佳为优化配置目标。

$$f(X) = \text{opt}\{f_1(X), f_2(X), f_3(X)\} \tag{8-1}$$

目标1（经济效益）：各水平年各子区不同行业供水产生的经济净效益最大。

$$\max f_1(x) = \sum_{k=1}^{K}\sum_{j=1}^{J(k)}\sum_{i=1}^{I(k)}(b_{ij}^k - c_{ij}^k)\, x_{ij}^k\, \alpha_i^k\, \beta_i^k\, w_k \tag{8-2}$$

式中：x_{ij}^k 为水源 i 向子区 k 用户 j 的供水量，万 m^3；b_{ij}^k 为水源 i 向子区 k 用户 j 的单位供水量效益系数，元/m^3；c_{ij}^k 为水源 i 向子区 k 用户 j 的单位供水量费用系数，元/m^3；α_i^k 为子区 k 水源 i 的供水次序系数；β_i^k 为子区 k 用户 j 的用水公平系数；w_k 为子区 k 的权重系数。

目标2（社会效益）：各水平年各子区供水系统总缺水量最小。

$$\min f_2(X) = \sum_{k=1}^{K}\sum_{j=1}^{J(k)}\max\left[0, D_j^k - \sum_{i=1}^{I(k)} x_{ij}^k\right] \tag{8-3}$$

式中：D_j^k 为子区 k 用户 j 的需水量，万 m^3。

目标3（环境效益）：各水平年各子区 COD 排放量之和最小。

$$\min f_3(x) = \sum_{k=1}^{K}\sum_{j=1}^{J(k)}\sum_{i=1}^{I(k)} 0.01 d_j^k\, p_j^k\, x_{ij}^k \tag{8-4}$$

式中：d_j^k 为子区 k 用户 j 的单位废污水排放量中化学需氧量 COD 的含量，mg/L；p_j^k 为子区 k 用户 j 污水排放系数。

8.3.3 约束条件

多水源供水优化配置的目的是确定最合理的各水源供水量，一方面，希望供水量尽量达到配置目标，反映在优化模型的目标函数值最大或最小；另一方面，各种水源进行供水时，受配置原则、各水源自身的供水能力和相应的供水配套设施的限制，各水源的供水量必须符合一定的条件没反映在优化模型的约束条件集合上。

（1）水源可供水量约束。

共用水源

$$\left.\begin{aligned}\sum_{j=1}^{J(k)} x_{cj}^k &\le W_c^k \\ \sum_{k=1}^{K} W_c^k &\le W_c\end{aligned}\right\} \tag{8-5}$$

独立水源

$$\sum_{j=1}^{J(k)} x_{ij}^k \le W_i^k \tag{8-6}$$

式中：x_{ij}^k、x_{cj}^k 分别为独立水源 i、公共水源 c 向子区 k 用户 j 的供水量；W_c^k 为公共水源 c 分配给子区 k 的水量；W_c 和 W_i^k 分别为公共水源 c 及子区 k 独立水源 i 的可供水量。

(2)水源输水能力约束。

公共水源
$$W_c^k \leqslant Q_c^k \tag{8-7}$$

独立水源
$$x_{ij}^k \leqslant Q_i^k \tag{8-8}$$

式中：Q_c^k、Q_i^k 分别为 k 子区公共水源 c、独立水源 i 的最大输水能力。

(3)用户需水能力限制。

$$D_{j\min}^k \leqslant \sum_{i=1}^{I(k)} x_{ij}^k + \sum_{c=1}^{M} x_{cj}^k \leqslant D_{j\max}^k \tag{8-9}$$

式中：$D_{j\min}^k$、$D_{j\max}^k$ 分别为子区 k、用户 j 需水量变化的下限和上限。

(4)水质约束。

达标排放
$$c_{kj}^r \leqslant c_0^r \tag{8-10}$$

式中：c_{kj}^r 为子区 k 用户 j 排放污染物 r 的浓度；c_0^r 为污染物 r 达标排放规定的浓度。

(5)区域发展协调约束。

$$\mu = \sqrt{\mu_1(\sigma_1) \cdot \mu_2(\sigma_2)} \geqslant \mu^* \tag{8-11}$$

式中：μ、μ^* 分别为区域协调发展指数及其最低值；$\mu_1(\sigma_1)$、$\mu_2(\sigma_2)$ 分别为水资源利用与区域经济发展的协调度、经济发展与水环境质量改善的协调度。

(6)非负约束。

$$x_{ij}^k、x_{cj}^k \geqslant 0 \tag{8-12}$$

8.3.4　模型参数

8.3.4.1　水资源供水次序系数 α_i^k、用户公平系数 β_i^k

供水次序系数 α_i^k 反映子区 k 水源 i 相对于其他水源供水的有限程度。现将各水源的有限程度转化成[0,1]区间上的系数，即供水次序系数。以 n_i^k 表示子区 k 水源 i 供水次序序号，$n_{\max}^k$ 表示子区 k 水源供水次序序号最大值。α_i^k 取值确定可参考下式确定：

$$\alpha_i^k = \frac{1 + n_{\max}^k - n_i^k}{\sum_{j=1}^{J(k)} (1 + n_{\max}^k - n_i^k)} \tag{8-13}$$

用户公平系数 β_i^k 表示子区 k 用户 j 相对于其他用户得到供水的优先程度。β_i^k 与 α_i^k 很相似，与用户优先得到供水的次序有关。首先根据用户的性质和重要性，确定用户得到供水的次序，然后可参照 α_i^k 的计算公式来确定。

用式(8-13)确定的固始县供水水源次序系数：地表水为 0.5、中水为 0.33、地下水为 0.17。依照公平性原则，按照“首先确保城乡居民生活用水，其次满足农业灌溉用水和工业生产用水，最后兼顾生态用水”的原则，拟定各用户得到供水的次序先后为：城镇生活用水、农村生活用水、工业用水、建筑业用水、第三产业用水、林牧渔用水、牲畜用水、农田灌溉用水、生态用水，参照式(8-13)，计算得到各用户的公平系数分别为 0.22、0.19、0.17、0.14、0.11、0.08、0.08、0.06、和 0.03。

8.3.4.2　**效益系数**

（1）工业用水的效益系数采用工业总产值分摊方法，计算公式如下：

$$b = \beta(Y/W) \tag{8-14}$$

式中：b 为工业用水效益系数；β 为工业用水效益分摊系数，以 5% 计算。

（2）农业用水效益系数按灌溉后的农业增产效益乘以水利分摊系数确定。

（3）生活、环境及公共设施用水的效益是间接而复杂的，不仅有经济方面的因素，而且有社会效益存在，因而其效益系数比较难确定。根据生活用水、环境用水优先满足的配置原则，本书在计算中赋以较大的权值，用以表示其效益系数。

根据以上方法进行，以现状年计算确定，固始县城镇生活效益系数为 33.4 元/m^3，农村生活效益系数为 12.37 元/m^3，农田灌溉用水效益系数保证率 50%、75% 下分别为 1.6 元/m^3、1.2 元/m^3，林牧渔用水效益系数保证率 50%、75% 下分别为 9 元/m^3、6.75 元/m^3；牲畜用水效益系数 9 元/m^3，工业用水效益系数 33.45 元/m^3，建筑业用水效益系数 15.63 元/m^3，第三产业用水效益系数 12 元/m^3，生态用水效益系数 33.4 元/m^3。

8.3.4.3　**费用系数**

（1）从水厂取水的用户以水价作为其费用系数。

（2）从自备井取水的用户以水资源费、污水处理费与提水成本之和作为其费用系数。

（3）从水利工程取水的用户以水资源费、污水处理费与输水成本之和作为其费用系数。

（4）农业用户的费用系数参考水费征收标准确定。

根据固始县现状年水费征收标准，本次计算中城镇生活用水费用 1.7 元/m^3，农村用水费用 1.20 元/m^3，农田灌溉用水费用 0.061 元/m^3，林牧渔用水费用 0.061 元/m^3，牲畜用水费用 1.20 元/m^3，工业用水费用 2.5 元/m^3，建筑业用水费用 2.5 元/m^3，第三产业用水费用 2.5 元/m^3，生态用水费用 2.5 元/m^3。

8.3.4.4　**目标权重**

确定权重的方法很多，主要分为主观赋权法、客观赋权法和综合赋权法。本次计算运用二元对比法确定目标权重系数。根据固始县具体情况，确定行政子区权重系数：中心城区（含蓼城街道、番城街道、秀水街道 3 个部分）为 0.6；其他乡（镇）（段集镇、陈淋子镇、三河尖镇、胡族铺镇、黎集镇、陈集镇、蒋集镇、往流镇、郭陆滩镇、武庙集镇、张广庙镇、分水亭镇、汪棚镇、方集镇、柳树店乡、沙河铺乡、洪埠乡、南大桥乡、李店乡、观堂乡、徐集乡、祖师庙乡、马堽集乡、石佛店乡、丰港乡、赵岗乡、泉河铺乡、草庙集乡、杨集乡、张老埠乡等）为 0.4。目标权重系数：经济效益目标（经济净效益最大）为 0.6，社会效益目标（供水系统缺水量最小）为 0.4。

8.3.5　模型求解

上述所建的水资源优化配置模型为多水源、多用户的水资源多目标优化模型。此模型不仅规模大，而且由于各子区的关联约束存在，模型求解比较复杂。考虑利用大系统递阶（逐级优化）分析法进行求解，再根据大系统理论的分解协调理论，建立二级递阶多目标优化模型。采用分解－协调技术中的模型协调法，将关联约束变量即区域公用水资源 D_c 进行预分，产生预分方案 D_c^k，使系统分解成 k 个独立子系统。然后反复协调分配量，最终实现系统综合效益最佳。水资源优化配置的递阶分解协调结构见图 8-1，图中 F_1，F_2，…，F_k 分别为不同子区计算的总适应度值，X^1，X^2，…，X^k 分别为相应的决策变量值。

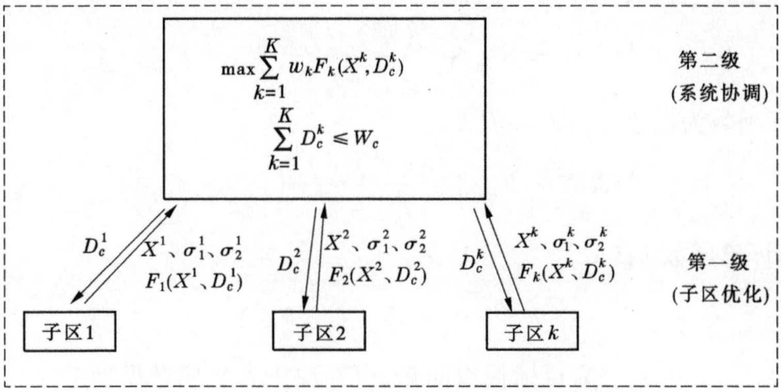

图 8-1　水资源优化配置的递阶分解协调结构

8.3.5.1　第一级(子区优化)

根据固始县行政区划分，将区域分为 k 个子区。各子区是在第二级(协调级)给定预分配资源量 D_c^k($\sum_{k=1}^{K} D_c^k = W_c$)的前提下进行各子区优化，子区优化仍是多目标优化，其中各子目标函数为式(8-1) ~ 式(8-4)。

第 k 个子区的优化模型为

$$
\left.\begin{array}{l}
F_k(X^k) = \{f_1^k(X^k), f_2^k(X^k), f_3^k(X^k)\} \\
\sum_{j=1}^{J(k)} x_{cj}^k \leqslant D_c^k \qquad (c = 1,2,\cdots,M) \\
x_{cj}^k \leqslant Q_c \qquad (j = 1,2,\cdots,J(k)) \\
\sum_{j=1}^{J(k)} x_{ij}^k \leqslant W_i^k \qquad (i = 1,2,\cdots,I(k)) \\
x_{ij}^k \leqslant Q_i^k \qquad (j = 1,2\cdots,J(k)) \\
\sum_{i=1}^{I(k)} x_{ij}^k + \sum_{c=1}^{M} x_{cj}^k \leqslant D_{j\max}^k \qquad (j = 1,2,\cdots,J(k)) \\
\sum_{i=1}^{I(k)} x_{ij}^k + \sum_{c=1}^{M} x_{cj}^k \leqslant D_{j\min}^k \qquad (j = 1,2,\cdots,J(k))
\end{array}\right\} \tag{8-15}
$$

$$x_{ij}^k、x_{cj}^k \geqslant 0$$

根据子区多目标优化的特点，拟采用多目标遗传算法(MGA)求解。基本思路是：用评价函数(线性加权法)将多目标向量优化问题转化为单目标问题。然后用遗传算法(GA)求解单目标优化问题。解法步骤如下：

(1)以子区各子目标 $f_p^k(X^k)$ 为基础构造适应度函数。对决策变量编码，用遗传算法求解单目标优化，得到 p 个子目标的最优解 X_p^{k*} 及最优值 f_p^{k*} ($p = 1,2,\cdots,P; k = 1,2,\cdots,K$)。

(2)将最优解 X_p^{k*} 分别代入各子目标函数，可求得 p^2 个目标值组成的支付表，从表中可选取各目标的最大值 X_p^{k*} 和相对最劣值 f_p^{k0}。

(3)对各子目标函数,按 $[S_{\min}, S_{\max}]$ 区间做无量纲化处理。

对于目标函数为极大化,即 $\max f(X)$:

$$e_p^k(X^k) = S_{\min} + \frac{f_p^k(X^k) - f_p^{k0}}{f_p^{k*} - f_p^{k0}}(S_{\max} - S_{\min}) \tag{8-16}$$

对于目标函数为极小化,即 $\min f(X)$:

$$e_p^k(X^k) = S_{\max} - \frac{f_p^k(X^k) - f_p^{k0}}{f_p^{k*} - f_p^{k0}}(S_{\max} - S_{\min}) \tag{8-17}$$

(4)构造评价函数 $F_k(X^k)$。

$$F_k(X^k) = \sum_{p=1}^{P} \lambda_p\, e_p^k(X^k) \tag{8-18}$$

式中,$\lambda = (\lambda_1, \lambda_2, \cdots, \lambda_p)$ 为目标权重向量,可与决策者交换意见确定。

(5)各子区独立寻优。

$$\max F_k(X^k) = \sum_{p=1}^{P} \lambda_p\, e_p^k(X^k) \tag{8-19}$$

$$X^k \in R^k(\text{子区各种约束条件}) \tag{8-20}$$

用遗传算法可求得局部最优解 $X^k(D_c^k)$ 和最优值 $F_k(X^k, D_c^k)$,它们均是公用资源预分值 D_c^k 的函数。这虽然是可行解,但未必是区域的最佳均衡解。因此,需将第一级各子区求得的解 $X^k(D_c^k)$ 和目标值 $F_k(X^k, D_c^k)$ 反馈到第二级,进行第二级系统协调。

8.3.5.2 第二级系统协调

第二级协调为协调各子区的局部最优解成为整个区域的最佳均衡解,即求解:

$$F(X) = \max\left\{\sum_{k=1}^{K}[w_k]\right\} \tag{8-21}$$

$$\left.\begin{aligned} &\sum_{k=1}^{K} D_c^k \leqslant D_c \quad (c = 1,2,\cdots,M) \\ &\mu = \sqrt{\mu_1(\sigma_1)\cdot\mu_2(\sigma_2)} \geqslant \mu^* \\ &D_c \geqslant 0 \quad (c = 1,2,\cdots,M; k = 1,2,\cdots,K) \end{aligned}\right\} \tag{8-22}$$

第二级协调仍采用遗传算法。基本步骤如下:

(1)以公共水源预分方案 D_c^k 作为协调变量,进行编码设计。

(2)以第二级的目标函数 $F(X)$ 为基础,进行适度设计,确定个体适应度的量化评价方法。

(3)产生初始群体,即产生公用水源分配方案 D_c^k,并传递到第一级的各个子区。

(4)各子区优化。各子区以公共水源预分值 D_c^k 和独立水源 W_i^k 为资源条件,用多目标遗传算法(MGA)求解各子区优化。将求得的各子区局部优化解 $X^k(D_c^k)$ 和目标值 $F_k(X^k, D_c^k)$、$\sigma_1^k(D_c^k)$、$\sigma_2^k(D_c^k)$ 反馈到第二级。

(5)第二级以反馈得到的信息为基础,解码并计算适应度,进行选择、交叉、变异等遗传算法操作,得到新一代群体,即产生新的公共水源预分方案。

(6)判断新的群体中最优个体是否达到收敛条件,或进化代数是否达到预定值。若已满足，即水资源已达到最优分配，停止进化计算，输出优化计算成果。否则，将新一代群体，即新的公共水源预分方案传递到第一级，转第(4)步进行子区优化，直到满足收敛条件或进化代数。

8.3.5.3　系统协调配水规则及模型输入

1. 配水规则

固始县供水，包括蓄引提、地下水及中水。

蓄水工程包括塘堰坝和石壁水库、白果冲水库、杨山水库、原联山水库及 25 座小型水库。

引水包括境内引水设施，鲇鱼山水库引水、梅山水库引水。其中，鲇鱼山水库引水量包括灌溉和城镇供水(引鲇入库)两部分：鲇鱼山水库不用于农村生活用水和牲畜用水。梅山水库引水均为灌溉用水，只用于灌溉和林牧渔业。

地下水以“三条红线”控制指标为指标，多用于农村生活用水，满足农村用水后若还有剩余，可用于城市生活用水。

中水主要为环境及部分工业用水，若工业用水缺乏，则最后选用中水供给。

2. 模型输入

为了便于编程输入，上述的相关参数见表 8-3，本次只分析节约用水二次平衡的情况。

表 8-3　固始县水资源优化配置相关参数

<table>
<tr><th rowspan="3">序号</th><th rowspan="3">特征值</th><th colspan="4">生活用水</th><th colspan="5">农业用水</th><th rowspan="3">工业</th><th rowspan="3">生态</th></tr>
<tr><th rowspan="2">城镇生活</th><th rowspan="2">农村生活</th><th rowspan="2">建筑业</th><th rowspan="2">第三产业</th><th colspan="2">农田灌溉</th><th colspan="2">林牧渔</th><th rowspan="2">牲畜</th></tr>
<tr><th>$P=50\%$</th><th>$P=75\%$</th><th>$P=50\%$</th><th>$P=75\%$</th></tr>
<tr><td>1</td><td>效益值(元/m^3)</td><td>33.4</td><td>12.37</td><td>15.63</td><td>12</td><td>1.6</td><td>1.2</td><td>9</td><td>6.75</td><td>9</td><td>33.45</td><td>33.4</td></tr>
<tr><td>2</td><td>费用(元/m^3)</td><td>1.7</td><td>1.20</td><td>2.5</td><td>2.5</td><td>0.061</td><td>0.061</td><td>0.061</td><td>0.061</td><td>1.2</td><td>2.5</td><td>2.5</td></tr>
<tr><td>3</td><td>优先级</td><td>0.22</td><td>0.19</td><td>0.14</td><td>0.11</td><td colspan="2">0.06</td><td colspan="2">0.08</td><td>0.08</td><td>0.17</td><td>0.03</td></tr>
<tr><td colspan="2">分区</td><td colspan="6">中心城区</td><td colspan="5">其他乡(镇)</td></tr>
<tr><td colspan="2">优先级</td><td colspan="6">0.6</td><td colspan="5">0.4</td></tr>
<tr><td colspan="2">水源</td><td colspan="4">地表水(蓄引提)</td><td colspan="3">地下水</td><td colspan="4">中水</td></tr>
<tr><td colspan="2">优先级</td><td colspan="4">0.5</td><td colspan="3">0.17</td><td colspan="4">0.33</td></tr>
</table>

8.4　水资源优化配置结果

基于固始县供水水源规划和现状水资源开发利用程度，根据所列目标函数和约束条件，进行编程模拟计算，可求得各规划水平年的优化配置成果及供需平衡分析，结果见表 8-4。

表 8-4　固始县水资源优化配置结果

（单位：万 m^3）

年份	行政区	特征值	生活用水				农业用水			工业	生态	合计	可供水量	差值（合计－可供水量）
			城镇生活	农村生活	建筑业	第三产业	农田灌溉	林牧渔	牲畜					
2020 年，$P=50\%$	中心城区	塘坝蓄水	0	0	0	0	0	0	62	0	0	62	357	－295
		鲇鱼山水库	1 167	0	11	276	1 068	0	0	896	552	3 970	3 481	489
		梅山水库	0	0	0	0	0	0	0	0	0	0	0	0
		境内引水	0	0	0	0	0	0	0	0	0	0	131	－131
		提水	0	0	0	0	0	0	0	0	0	0	197	－197
		地下水	0	162	0	0	0	0	0	0	0	162	231	－69
		中水	0	0	0	0	0	0	0	0	0	0	642	－642
		合计	1 167	162	11	276	1 068	0	62	896	552	4 194	5 039	－845
		需水量	1 167	162	11	276	1 068	0	62	896	552	4 194	需水满足	供水有剩余
		差值	0	0	0	0	0	0	0	0	0	0		
	其他乡（镇）	塘坝蓄水	0	0	0	0	8 563	0	0	0	0	8563	8 268	295
		鲇鱼山水库	1 624	0	334	1 428	7 363	342. 5	0	2 233	1 144	14 468. 5	16 157	－1 688. 5
		梅山水库	0	0	0	0	7 363	342. 5	0	0	0	7 705. 5	20 000	－12 294. 5
		境内引水	0	276	0	0	2 121. 5	0	541. 5	0	0	2 939	2 808	131
		提水	0	135	0	0	1 980. 5	0	400. 5	0	0	2 516	2 319	197
		地下水	0	2 506	0	0	0	0	0	0	0	2 506	2 437	69
		中水	0	0	0	0	0	0	0	0	0	0	687	－687
		合计	1 624	2 917	334	1 428	27 391	685	942	2 233	1 144	38 698	52 676	－13 978
		需水量	1 624	2 917	334	1 428	27 391	685	942	2 233	1 144	38 698	需水满足	供水有剩余
		差值	0	0	0	0	0	0	0	0	0	0		

续表8-4

年份	行政区	特征值	生活用水				农业用水			工业	生态	合计	可供水量	差值（合计－可供水量）
			城镇生活	农村生活	建筑业	第三产业	农田灌溉	林牧渔	牲畜					
2020年，$P=50\%$	全县	塘坝蓄水	0	0	0	0	8 563	0	62	0	0	8 625	8 625	0
		鲇鱼山水库	2 791	0	345	1 704	8 431	342.5	0	3 129	1 696	18 438.5	19 638	－1 199.5
		梅山水库	0	0	0	0	7 363	342.5	0	0	0	7 705.5	20 000	－12 294.5
		境内引水	0	276	0	0	2 121.5	0	541.5	0	0	2 939	2 939	0
		提水	0	135	0	0	1 980.5	0	400.5	0	0	2 516	2 516	0
		地下水	0	2 668	0	0	0	0	0	0	0	2 668	2 668	0
		中水	0	0	0	0	0	0	0	0	0	0	1 329	－1 329
		合计	2 791	3 079	345	1 704	28 459	685	1 004	3 129	1 696	42 892	57 715	－14 823
		需水量	2 791	3 079	345	1 704	28 459	685	1 004	3 129	1 696	42 892	需水满足	供水有剩余
		差值	0	0	0	0	0	0	0	0	0	0		
2020年，$P=75\%$	中心城区	塘坝蓄水	0	0	0	0	0	0	62	0	0	62	271	－209
		鲇鱼山水库	1 167	0	11	276	1 201	0	0	896	552	4 103	3 254	849
		梅山水库	0	0	0	0	0	0	0	0	0	0	0	0
		境内引水	0	0	0	0	0	0	0	0	0	0	131	－131
		提水	0	0	0	0	0	0	0	0	0	0	197	－197
		地下水	0	162	0	0	0	0	0	0	0	162	231	－69
		中水	0	0	0	0	0	0	0	0	0	0	642	－642
		合计	1 167	162	11	276	1 201	0	62	896	552	4 327	4 726	－399
		需水量	1 167	162	11	276	1 201	0	62	896	552	4 327	需水满足	供水有剩余
		差值	0	0	0	0	0	0	0	0	0	0		

续表 8-4

年份	行政区	特征值	生活用水				农业用水			工业	生态	合计	可供水量	差值（合计－可供水量）
			城镇生活	农村生活	建筑业	第三产业	农田灌溉	林牧渔	牲畜					
2020 年，$P=75\%$	其他乡（镇）	塘坝蓄水	0	0	0	0	6 518	0	0	0	0	6 518	6 309	209
		鲇鱼山水库	1 624	0	334	1 428	7 325	0	0	1 296. 25	751. 75	12 759	13 608	－849
		梅山水库	0	0	0	0	12 870	778	0	0	0	13 648	16 300	－2 652
		境内引水	0	276	0	0	2 121. 5	0	541. 5	0	0	2 939	2 808	131
		提水	0	135	0	0	1 980. 5	0	400. 5	0	0	2 516	2 319	197
		地下水	0	2 506	0	0	0	0	0	0	0	2 506	2 437	69
		中水	0	0	0	0	0	0	0	936. 75	392. 25	1 329	687	642
		合计	1 624	2 917	334	1 428	30 815	778	942	2 233	1 144	42 215	44 468	－2 253
		需水量	1 624	2 917	334	1 428	30 815	778	942	2 233	1 144	42 215	需水满足	供水有剩余
		差值	0	0	0	0	0	0	0	0	0	0		
	全县	塘坝蓄水	0	0	0	0	6 518	0	62	0	0	6 580	6 580	0
		鲇鱼山水库	2 791	0	345	1 704	8 526	0	0	2 192. 25	1 303. 75	16 862	16 862	0
		梅山水库	0	0	0	0	12 870	778	0	0	0	13 648	16 300	－2 652
		境内引水	0	276	0	0	2 121. 5	0	541. 5	0	0	2 939	2 939	0
		提水	0	135	0	0	1 980. 5	0	400. 5	0	0	2 516	2 516	0
		地下水	0	2 668	0	0	0	0	0	0	0	2 668	2 668	0
		中水	0	0	0	0	0	0	0	936. 75	392. 25	1 329	1 329	0
		合计	2 791	3 079	345	1 704	32 016	778	1 004	3 129	1 696	46 542	49 194	－2 652
		需水量	2 791	3 079	345	1 704	32 016	778	1 004	3 129	1 696	46 542	需水满足	供水有剩余
		差值	0	0	0	0	0	0	0	0	0	0		

续表 8-4

年份	行政区	特征值	生活用水				农业用水			工业	生态	合计	可供水量	差值（合计 − 可供水量）
			城镇生活	农村生活	建筑业	第三产业	农田灌溉	林牧渔	牲畜					
2030 年，$P=50\%$	中心城区	塘坝蓄水	0	0	0	0	0	0	59	0	0	59	679	−620
		鲇鱼山水库	1 847	0	18	602	1 064	0	0	1 256.8	640	5 427.8	5 070	357.8
		梅山水库	0	0	0	0	0	0	0	0	0	0	0	0
		境内引水	0	0	0	0	0	0	0	0	0	0	131	−131
		提水	0	0	0	0	0	0	0	0	0	0	197	−197
		地下水	0	103	0	0	0	0	0	0	0	103	182	−79
		中水	0	0	0	0	0	0	0	523.2	0	523.2	832	−308.8
		合计	1 847	103	18	602	1 064	0	59	1 780	640	6 113	7 092	−979
		需水量	1 847	103	18	602	1 064	0	59	1 780	640	6 113	需水满足	供水有剩余
		差值	0	0	0	0	0	0	0	0	0	0		
	其他乡（镇）	塘坝蓄水	0	0	0	0	12 685	0	0	0	0	12 685	12 065	620
		鲇鱼山水库	2 397.4	0	533	2 469	5 414.3	370	0	1 995.7	1 030.8	14 210.2	14 568	−357.8
		梅山水库	0	0	0	0	5 414.3	370	0	0	0	5 784.3	20 000	−14 215.7
		境内引水	0	461.8	0	0	1 963.7	0	513.5	0	0	2 939	2 808	131
		提水	0	320.8	0	0	1 822.7	0	372.5	0	0	2 516	2 319	197
		地下水	241.6	1 756.4	0	0	0	0	0	0	0	1 998	1 919	79
		中水	0	0	0	0	0	0	0	539.3	297.2	836.5	889	−52.5
		合计	2 639	2 539	533	2 469	27 300	740	886	2 535	1 328	40 969	54 568	−13 599
		需水量	2 639	2 539	533	2 469	27 300	740	886	2 535	1 328	40 969	需水满足	供水有剩余
		差值	0	0	0	0	0	0	0	0	0	0		

续表 8-4

年份	行政区	特征值	生活用水				农业用水			工业	生态	合计	可供水量	差值（合计－可供水量）
			城镇生活	农村生活	建筑业	第三产业	农田灌溉	林牧渔	牲畜					
2030 年，$P=50\%$	全县	塘坝蓄水	0	0	0	0	12 685	0	59	0	0	12 744	12 744	0
		鲇鱼山水库	4 244.4	0	551	3 071	6 478.3	370	0	2 891.2	1 670.8	19 276.7	19 638	0
		梅山水库	0	0	0	0	5 414.3	370	0	0	0	5 784.3	20 000	－14 215.7
		境内引水	0	461.8	0	0	1 963.7	0	513.5	0	0	2 939	2 939	0
		提水	0	320.8	0	0	1 822.7	0	372.5	0	0	2 516	2 516	0
		地下水	241.6	1 859.4	0	0	0	0	0	0	0	2 101	2 101	0
		中水	0	0	0	0	0	0	0	1 423.8	297.2	1 721	1 721	－361.3
		合计	4 486	2 642	551	3 071	28 364	740	945	4 315	1 968	47 082	61 660	－14 578
		需水量	4 486	2 642	551	3 071	28 364	740	945	4 315	1 968	47 082	需水满足	供水有剩余
		差值	0	0	0	0	0	0	0	0	0	0		
2030 年，$P=75\%$	中心城区	塘坝蓄水	0	0	0	0	0	0	59	0	0	59	540	－481
		鲇鱼山水库	1 698.3	0	18	602	1 213	0	0	1 256.8	640	5 428.1	4 843	585.1
		梅山水库	0	0	0	0	0	0	0	0	0	0	0	0
		境内引水	0	0	0	0	0	0	0	0	0	0	131	－131
		提水	0	0	0	0	0	0	0	0	0	0	197	－197
		地下水	148.7	103	0	0	0	0	0	0	0	251.7	182	69.7
		中水	0	0	0	0	0	0	0	523.2	0	523.2	832	－308.8
		合计	1 847	103	18	602	1 213	0	59	1 780	640	6 262	6725	－463
		需水量	1 847	103	18	602	1 213	0	59	1 780	640	6 262	需水满足	供水有剩余
		差值	0	0	0	0	0	0	0	0	0	0		

续表8-4

年份	行政区	特征值	生活用水				农业用水			工业	生态	合计	可供水量	差值（合计－可供水量）
			城镇生活	农村生活	建筑业	第三产业	农田灌溉	林牧渔	牲畜					
2030年，$P=75\%$	其他乡(镇)	塘坝蓄水	0	0	0	0	10 084	0	0	0	0	10 084	9 603	481
		鲇鱼山水库	2 094.3	0	533	2 314.4	3 827	0	0	1 634.3	1 030.9	11 433.9	12 019	-585.1
		梅山水库	0	0	0	0	14 015	841	0	0	0	14 856	16 300	-1 444
		境内引水	0	670.1	0	130.2	1 642.9	0	495.9	0	0	2 939	2 808	131
		提水	0	564.3	0	24.4	1 537.1	0	390.1	0	0	2 516	2 319	197
		地下水	544.7	1 304.6	0	0	0	0	0	0	0	1 849.3	1 919	-69.7
		中水	0	0	0	0	0	0	0	900.7	297.1	1 197.8	889	308.8
		合计	2 639	2 539	533	2 469	31 106	841	886	2 535	1 328	44 876	45 857	-981
		需水量	2 639	2 539	533	2 469	31 106	841	886	2 535	1 328	44 876	需水满足	供水有剩余
		差值	0	0	0	0	0	0	0	0	0	0		
	全县	塘坝蓄水	0	0	0	0	10 084	0	59	0	0	10 143	10 143	0
		鲇鱼山水库	3 792.6	0	551	2 916.4	5 040	0	0	2 891.1	1 670.9	16 862	16 862	0
		梅山水库	0	0	0	0	14 015	841	0	0	0	14 856	16 300	-1 444
		境内引水	0	670.1	0	130.2	1 642.9	0	495.9	0	0	2 939	2 939	0
		提水	0	564.3	0	24.4	1 537.1	0	390.1	0	0	2 516	2 516	0
		地下水	693.4	1 407.6	0	0	0	0	0	0	0	2 101	2 101	0
		中水	0	0	0	0	0	0	0	1 423.9	297.1	1 720.9	1 721	0
		合计	4 486	2 642	551	3 071	32 319	841	945	4 315	1 968	51 138	52 582	-1 444
		需水量	4 486	2 642	551	3 071	32 319	841	945	4 315	1 968	51 138	需水满足	供水有剩余
		差值	0	0	0	0	0	0	0	0	0	0		

由表8-4可以看出：2020规划水平年，50%保证率下，经过水资源的优化配置，均达到供需平衡，满足用水需求。其中，塘坝蓄水、境内引水、提水、地下水对中心城区和其他乡（镇）的供水量在本区域内和跨区调水后均得到充分利用，梅山水库供水只能用于灌溉和林牧渔业，有12 294.5万m^3的空余。中水没有加以配置，鲇鱼山水库空余1 688.5万m^3。

2020规划水平年，75%保证率下，经过水资源的优化配置，均达到供需平衡，满足用水需求。其中，塘坝蓄水、鲇鱼山水库、境内引水、提水、地下水、中水对中心城区和其他乡（镇）的供水量在本区域内和跨区调水后均得到充分利用，梅山水库供水只能用于灌溉和林牧渔业，有2 652万m^3的空余。

2030规划水平年，50%保证率下，经过水资源的优化配置，均达到供需平衡，满足用水需求。其中，塘坝蓄水、鲇鱼山水库、境内引水、提水、地下水对中心城区和其他乡（镇）的供水量在本区域内和跨区调水后均得到充分利用，梅山水库供水只能用于灌溉和林牧渔业，有14 215.7万m^3的空余。中水剩余361.3万m^3。

2030规划水平年，75%保证率下，经过水资源的优化配置，均达到供需平衡，满足用水需求。其中，塘坝蓄水、鲇鱼山水库、境内引水、提水、地下水、中水的对中心城区和其他乡（镇）的供水量在本区域内和跨区调水后均得到充分利用，梅山水库供水只能用于灌溉和林牧渔业，有1 444万m^3的空余。

由于本次配水的目标函数为经济效益、社会效益加权之和最大，各个规划水平年供水量均大于用水量，则优先使用用水级别高的水源，各个级别的水源尽可能地充分利用，减少剩余。经过优化配置，在保证率为50%的规划水平年，梅山水库供水、中水有剩余；75%保证率的规划水平年，梅山水库有剩余，说明配置结果合理，符合配水的综合效益最大的目标。为了更进一步提高经济效益和社会的综合效益，可以通过改良农业灌溉水平，进一步降低农业需水量。

第9章 水资源保护

水资源保护工作主要是针对固始县具体条件，基于固始县水资源评价、水资源开发利用评价及其他相关前期成果，按照《全国水资源综合规划技术大纲》和《全国水资源综合规划技术细则》的要求，通过详细调查，彻底摸清固始县的水环境状况；核算各水功能区的纳污能力；对地表水、地下水及与水相关的生态环境问题提出保护措施；为固始县水资源综合规划编制和实施、经济社会可持续发展战略实施提供技术支撑。

9.1 相关依据与标准

水资源保护工作按照《全国水资源综合规划技术大纲》《全国水资源综合规划技术细则》中水资源保护部分的技术要求，在水资源分区和行政分区降一级配套原则指导下，对固始县行政区范围内的各个水资源分区进行详细的水功能区划。严格按照《地表水环境质量标准》(GB 3838—2002)等标准评价各功能区的水质现状，拟定各阶段水质目标。工作中还参照了以下一些法律法规、标准规范和相关文件、技术成果。

9.1.1 法律法规

(1)《中华人民共和国水法》(2016)；
(2)《中华人民共和国环境保护法》(2014)；
(3)《中华人民共和国水污染防治法》(2017)；
(4)《中华人民共和国水污染防治法》(2008)；
(5)《中华人民共和国河道管理条例》(2018 修正版)；
(6)《饮用水源保护区污染防治管理规定》(2010)；
(7)《中华人民共和国水土保持法》(2010 修订)；
(8)《中华人民共和国水土保持法实施条例》(1993)；
(9)《中华人民共和国渔业法》(2013 修订)；
(10)《中华人民共和国城乡规划法》(2007)。

9.1.2 标准

(1)《生活饮用水卫生标准》(GB 5749—2006)；
(2)《农田灌溉水质标准》(GB 5084—2005)；
(3)《污水综合排放标准》(GB 8978—1996)；
(4)《城镇污水处理厂污染物排放标准》(GB 18918—2002)；
(5)《水污染物排放总量监测技术规范》(HJ/T 92—2002)；
(6)《水环境监测规范》(SL 219—2013)；

(7)《水质采样技术规程》(SL 187—1996);

(8)《地下水质量标准》(GB/T 14848—2017)。

9.1.3 相关文件

(1)《全国水资源综合规划地表水资源保护补充技术细则》(2003);

(2)《全国水资源综合规划地表水水质评价及污染物排放量调查估算工作补充技术细则》(2003);

(3)《河南省水功能区划报告》(2004);

(4)《固始县环境保护"十二五"规划》(2011);

(5)《固始县土地利用总体规划》(2009)。

水资源保护工作参考了大量已有的技术成果和资料,这里不再一一列举。

9.2 水功能区划

9.2.1 水功能区划概述

9.2.1.1 意义与原则

水功能区划分是根据区划水域的自然属性,结合社会需求,协调整体与局部的关系,确定该水域的功能及功能顺序,为水域的开发利用和保护管理提供科学依据,以实现水资源的可持续利用。即按人类最适宜的用途和最优化的使用水域而将水体按功能分类,通过水功能区的划分,审定水域纳污能力和实施污染物排放总量控制,从宏观上对流域水资源利用状况进行总体控制,以便为水资源的合理利用、保护与管理提供依据,实现水资源的永续利用和国民经济的可持续发展。

水功能区划主要体现"可持续发展的原则,统筹兼顾和突出重点的原则,便于管理和实用可行的原则,水质水量并重的原则,具有前瞻性的原则"。

9.2.1.2 区划体系及分级分类系统

水功能区划分采用两级体系,即一级区划和二级区划。一级区划(为流域级)是宏观上解决水资源合理开发利用与保护的问题,主要协调地区间用水关系,长远上考虑可持续发展的需求;二级区划(为县市级)主要协调用水部门之间的关系。

一级功能区分 4 类,即保护区、保留区、开发利用区、缓冲区,一级功能区划分对二级功能区划分具有宏观指导作用。

二级功能区划分重点在一级区划的开发利用区内进行,共分 7 类,即饮用水源区、工业用水区、农业用水区、渔业用水区、景观娱乐用水区、过渡区、排污控制区。

1. 一级区划

1)保护区

保护区指对水资源保护、自然生态及珍稀濒危物种保护有重要意义的水域。该区内严格禁止进行其他开发活动,并不能进行二级区划。主要包括源头水保护区(指以保护源头水为目的,在重要的河段划出专门保护的区域),国家级、省级、县市级自然保护区的用水水域或具有典型的生态保护意义的自然生态环境所在水域，跨流域、跨省及省内大型调水工程水源地(包括已建或规划期内拟建调水工程的水源区)。

2)保留区

保留区指目前开发利用程度不高、为今后开发利用和保护水资源而预留的水域。主要包括受人类活动影响较少，水资源开发利用程度较低的水域；目前不具备开发条件的水域；考虑到可持续发展的需要，为今后的发展预留的水资源区。

3)开发利用区

开发利用区指具有满足工农业生产、城镇生活、渔业和游乐等多种需水要求的水域。其区划条件为取水口较集中，取水量较大的水域，如重要城市河段和具有灌溉、渔业要求的水域等。

4)缓冲区

缓冲区指为协调省际间、水污染矛盾突出的地区间用水关系，以及在保护区与开发利用区相衔接时，为了满足保护区水质要求而划定的水域。未经流域机构批准，不能在该区内进行对水质有影响的开发利用活动。主要包括省际边界河流附近的水域，用水矛盾突出的地区之间水域，保护区和开发利用区紧密相连的水域。

缓冲区大小可根据行政区划协商划定，省界之间的功能水质差异较大时，缓冲区应划长一些，反之可划短一些。长度为上游占2/3，下游占1/3，以减轻上游排污对下游的影响。

2. 二级区划

1)饮用水源区

饮用水源区指满足城镇生活用水需要的水域。区划条件：已有城市生活用水取水口分布较集中的水域；在规划水平年内城市发展需设置的取水口，且具有取水条件的水域；每个用水户取水量不小于《河南省取水许可制度和水资源费征收管理办法》规定的取水限额。

2)工业用水区

工业用水区指满足城镇工业用水需要的水域。区划条件：现有工矿企业生产用水的集中取水点水域；根据工业布局，在规划水平年内需设置工矿企业生产用水取水点，且具有取水条件的水域；每个用水户取水量不小于《河南省取水许可制度和水资源费征收管理办法》规定的最少取水量。

3)农业用水区

农业用水区指满足农业灌溉用水需要的水域。区划条件：已有农业灌溉用水集中取水点水域；或根据规划水平年农业灌溉的发展，需要设置农业灌溉集中取水点，且具有取水条件的水域；每个用水户取水量不小于《河南省取水许可制度和水资源费征收管理办法》规定的最少取水限额。

4)渔业用水区

渔业用水区指具有鱼、虾、蟹、贝类产卵场、索饵场、越冬场及洄游通道功能的水域，养殖鱼、虾、蟹、贝、藻类等水生动植物的水域。区划条件：主要经济鱼类的产卵、索饵、洄游通道及历史悠久或新辟人工放养和保护的渔业水域；水文条件好，水交换畅通；有合适的地形、底质。

5)景观娱乐用水区

景观娱乐用水区指以满足景观、疗养、度假和娱乐需要为目的的江河湖库等水域。区划条件:度假、娱乐、运动场所,水上运动场,风景名胜区等所涉及的水域。

6)过渡区

过渡区指为使水质要求有差异的相邻功能区顺利衔接而划定的水域。区划条件:下游用水要求高于上游水质状况;有双向水流的水域,且水质要求不同的相邻功能区之间。

7)排污控制区

排污控制区指接纳生活、生产废污水比较集中,接纳的废污水对水环境无重大不利影响的水域。区划条件:接纳废污水中污染物可稀释降解的;水域的稀释自净能力较强,其水文生态特性适合作为排污区。

水功能区划分类系统见图9-1。

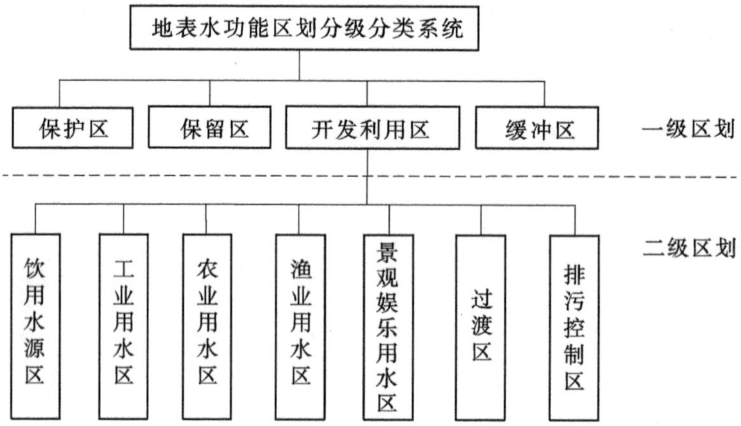

图9-1　水功能区划分级分类系统

9.2.1.3　区划程序与方法

水功能一级区划和二级区划工作程序基本相同,均需经过资料收集、资料分析评价、功能区划分和征求有关方面意见等4个阶段或步骤,最后提出正式区划成果申请报批。

1.一级区划程序与方法

根据收集的资料进行分析,第一步先划分出源头水保护区、自然保护区和调水水源保护区。第二步将跨省界河流的省界河段或用水矛盾突出的地区水域划分为缓冲区。第三步根据经济社会发展、水资源开发程度、水环境状况划分出保留区和开发利用区。水资源开发利用程度较高,对水域有各种用水和排污要求的水域划为开发利用区。划定保护区、缓冲区和开发利用区后,其余水域均划为保留区。第四步将水质差异较大的开发利用区和保护区相连的水域划为功能性缓冲区。

1)保护区

(1)源头水保护区。流域综合利用规划中划分的源头河段,历史习惯规定的源头河段,河流上游第一个水文站或第一个城镇以上未受人类开发利用影响的河段,划为源头水保护区。若上述三种情况不能满足,根据具体条件划定。

(2)自然保护区。将与河流、湖泊、水系关系密切的国家级和省级自然保护区的用水水域,或具有典型生态保护意义的自然保护区所在水域,划为自然保护区。

(3)跨流域调水水源保护区。将跨流域、跨省及经过国家批准的省内大型调水工程水源地,划为跨流域调水水源保护区。

水质目标按《地表水环境质量标准》(GB 3838—2002)Ⅰ、Ⅱ类水或维持水质现状。

2)保留区

将水资源开发利用程度较低、现状水质较好的水域划为保留区。该区内应维持现状不遭受破坏,水质标准按不低于现状水质类别控制。

3)开发利用区

将目前或规划中水资源开发利用程度较高,城镇生活或工农业生产取水口较集中,取水量较大,或具有一定产量的渔业用水,或一定规模的娱乐用水,或排污口集中,排污量较大,对纳污水体水质影响较大的水域,划为开发利用区。水质目标按二级区划分别执行相应的水质标准。

4)缓冲区

将跨省河流,用水矛盾突出的地区之间的水域,或开发利用区与保护区紧密相连的水域,划为缓冲区。按实际需要执行相关水质标准或按现状水质控制。

2.二级区划程序

在一级区划的开发利用区中,根据经济社会布局和规划、用水需求、排污情况等划分出饮用、工业、农业、渔业、景观娱乐、过渡区、排污控制等7个二级区。当下游功能区水质要求高于上游相邻功能区的水质要求时,在两个功能区之间划出适当长度的过渡区。

1)饮用水源区

将城市生活用水取水口分布较集中的水域划分为饮用水源区。执行《地表水环境质量标准》(GB 3838—2002)Ⅱ、Ⅲ类水标准。

2)工业用水区

将工矿企业生产用水的集中取水水域划分为工业用水区。执行《地表水环境质量标准》(GB 3838—2002)Ⅳ类标准。

3)农业用水区

将农业灌溉用水集中取水水域划分为农业用水区。执行《地表水环境质量标准》(GB 3838—2002)Ⅴ类标准。

4)渔业用水区

将主要经济鱼类的产卵、索饵、洄游通道及人工放养水域划为渔业用水区。执行《渔业水质标准》(GB 11607—1989),并参照《地表水环境质量标准》(GB 3838—2002)Ⅱ、Ⅲ类标准。

5)景观娱乐用水区

将度假、娱乐、运动场、风景名胜区、城区景观涉及的水域划为景观娱乐用水区。执行《地表水环境质量标准》(GB 3838—2002)Ⅲ类标准,对人体直接接触的娱乐用水区,可参照《地表水环境质量标准》(GB 3838—2002)Ⅲ类标准;对人体非直接接触的景观娱乐用水区,可参照《地表水环境质量标准》(GB 3838—2002)Ⅳ类标准。

6)过渡区

在下游功能区用水水质要求高于上游功能区水质要求情况下,在其间划出一段作为过渡区。河段长度随上下游水质差异大小而定。按出流断面水质达到相邻功能区的水质要求选择相应的水质控制目标。

7)排污控制区

将排污口集中的水域划为排污控制区。对排污控制区的设置应从严掌握。其分区范围不宜划得过大。按出流断面水质达到相邻功能区的水质要求选择相应的水质控制目标。

9.2.2　固始县水功能区划范围

目前,根据《河南省水功能区划报告》,固始县已经确定了水功能区划,并经过上级管理部门批准,结合固始县实际情况,水功能区划仍采用《河南省水功能区划报告》中的有关成果。水功能区划成果见表9-1。

9.3　水功能区水质目标拟定

9.3.1　基本思路与方法

根据固始县水功能区水质现状、排污状况、不同水功能区的特点、水资源配置对水功能区的要求以及当地技术经济等条件,依据《地表水环境质量标准》(GB 3838—2002),并参照《渔业水质标准》(GB 11607—1989)等,拟定各水功能区现状条件水质目标。

拟定水质目标的具体方法是,将水功能区水质现状与功能区主导功能水质类别指标进行比较后,按下述情况分别处理:

(1)当现状水质未满足水功能区水质类别时,在综合考虑上述因素后,应拟定水质保护目标,水质目标可分阶段达标。

(2)当现状水质已满足水功能区水质类别时,应按照水体污染负荷控制不增加的原则,拟定水质保护目标。

拟定水功能区水质目标应综合考虑:①水功能区水质类别;②水功能区水质现状;③相邻水功能区的水质要求;④水功能区排污现状与相应的规划;⑤用水部门对水功能区水质的要求,包括现状和规划;⑥社会经济状况及特殊要求;⑦水资源配置对水域的总体安排。

9.3.2　水功能区水质目标拟订方案

根据《固始县环境保护"十二五"规划》等已有规划成果及水质目标拟定原则,结合固始县工农业及城镇发展规划,固始县水资源配置相关成果,拟定各一、二级水功能区现状条件下的水质目标,见表9-2。

表 9-1　固始县水功能区划成果

序号	一级功能区名称	二级功能区名称	水资源分区	水系	河流	河段	起始断面	终止断面	水质代表断面	长度(km)	水质目标	区划依据
1	史河豫皖缓冲区		王蚌区间南岸	史河	史河	豫皖	河南省固始县三河尖	安徽省霍邱县陈村(河口)	霍邱县赵台村	5	Ⅲ	边界河道
2	泉河皖豫保留区		王蚌区间南岸	史河	泉河	霍邱固始	安徽省霍邱县河源	河南省固始县入史河口	固始县(泉河入史河口)	54	Ⅲ	开发利用程度不高
3	史河固始开发利用区	史河固始上游农业用水区	王蚌区间南岸	史河	史河	固始	河南省固始县省界(安徽省叶集下游 3.3 km)	河南省固始县七一大桥上游 10 km	固始县七一大桥上	25	Ⅳ	农灌
4	史河固始开发利用区	史河固始景观娱乐用水区	王蚌区间南岸	史河	史河	固始	河南省固始县七一大桥上游 10 km	河南省固始县七一大桥	固始县七一大桥	10	Ⅲ	景观娱乐
5	史河固始开发利用区	史河固始排污控制区	王蚌区间南岸	史河	史河	固始	河南省固始县七一大桥	河南省固始县七一大桥下游 5 km	固始县七一大桥下游 5 km	5		固始县城污水经小陶河入史河
6	史河固始开发利用区	史河固始下游农业用水区	王蚌区间南岸	史河	史河	固始	河南省固始县七一大桥下游 5 km	河南省固始县三河尖入淮河口	蒋集	45	Ⅲ	农灌
7	灌河信阳开发利用区	灌河下游农业用水区	王蚌区间南岸	史河	灌河	固始	固始县马堽集镇	河南省固始县入史河口	入史河口	30	Ⅱ	农灌

表 9-2　固始县水功能区水质目标

序号	一级功能区名称	二级功能区名称	水质现状	水质目标	
				2020 年	2030 年
1	史河豫皖缓冲区		Ⅲ	Ⅲ	Ⅲ
2	泉河皖豫保留区		Ⅳ	Ⅲ	Ⅲ
3	史河固始开发利用区	史河固始上游农业用水区	Ⅲ	Ⅳ	Ⅳ
4	史河固始开发利用区	史河固始景观娱乐用水区	Ⅲ	Ⅲ	Ⅲ
5	史河固始开发利用区	史河固始排污控制区	Ⅳ		
6	史河固始开发利用区	史河固始下游农业用水区	Ⅲ	Ⅲ	Ⅲ
7	灌河信阳开发利用区	灌河下游农业用水区	Ⅳ	Ⅲ	Ⅲ

9.4　水功能区纳污能力计算

水功能区纳污能力是在给定水域范围和一定设计流量条件下，满足水功能区环境质量标准要求的最大允许纳污量。固始县各水功能区大多数存在不同程度的入河排污现象，直接导致排污口以下水体污染，水质恶化。合理的纳污是水资源有效利用的一部分，同时计算出各河段的纳污能力也是实现水质目标、确定入河削减量的一个重要前提。

9.4.1　纳污能力计算范围与指标

9.4.1.1　计算范围

固始县水环境保护纳污能力计算范围包括固始县史河、灌河、泉河等 3 条河流，共计 7 个功能区，河长 174 km。纳污能力计算范围：一级水功能区史河豫皖缓冲区、泉河皖豫保留区，河长 59.0 km；二级水功能区史河固始上游农业用水区、史河固始景观娱乐用水区、史河固始排污控制区、史河固始下游农业用水区、灌河下游农业用水区（固始段），河长 115.0 km。

9.4.1.2　计算指标

纳污能力计算指标为 COD_{Cr}和 NH_3—N。

9.4.1.3　计算内容

依据《入河排污口管理技术导则》（SL 532—2011），本报告水域纳污能力计算是以水功能区为单元，综合水文水资源状况、入河排污状况及水资源开发利用状况，运用水质模型分析得出的，直接反映了水域的水环境承载能力。

9.4.2　纳污能力计算条件

9.4.2.1　初始断面背景浓度（C_0）

1. 源头水水质

若计算河段为河源段，C_0 取源头水水质。根据河南省水质监测资料，河流源头水

COD_{Cr}、NH_3—N 取Ⅰ、Ⅱ类标准值。

2. 上断面来水水质

取上游功能区水质目标值。根据上一个水功能区的水质目标值来确定 C_0，即上一个水功能区的水质目标值就是下一个水功能区的初始浓度值 C_0。

依据《河南省水功能区划报告》(2004)，固始县水功能区纳污能力计算单元水质初始浓度值见表 9-3。

表 9-3　固始县纳污能力计算单元水质初始浓度值

河流名称	计算单元	上断面名称	下断面名称	化学需氧量(mg/L)	氨氮(mg/L)
史河	史河豫皖缓冲区	河南省固始县三河尖	安徽省霍邱县陈村(河口)	20	1
	史河固始上游农业用水区	河南省固始县省界(安徽省叶集下游 3.3 km)	河南省固始县七一大桥上游 10 km	20	1
	史河固始景观娱乐用水区	河南省固始县七一大桥上游 10 km	河南省固始县七一大桥	20	1
	史河固始排污控制区	河南省固始县七一大桥	河南省固始县七一大桥下游 5 km	20	1
	史河固始下游农业用水区	河南省固始县七一大桥下游 5 km	河南省固始县三河尖入淮河口	20	1
灌河	灌河下游农业用水区	固始县马堽集镇	河南省固始县入史河口	20	1
泉河	泉河皖豫保留区	安徽省霍邱县河源	河南省固始县入史河口	20	1

9.4.2.2　水质控制目标浓度 C_s

1. 水质目标值 C_s 的确定原则

(1)根据水功能区水质现状、排污状况、不同水功能区的特点、水资源配置对水功能区的要求以及技术经济条件，拟定的水功能区现状条件和规划条件下的水质保护目标。

(2)依据《河南省水功能区划报告》(2004)。

2. 水质目标值 C_s 的确定结果

水质目标值 C_s 的确定结果见表 9-4。

表 9-4　固始县纳污能力计算单元水质目标值

河流名称	计算单元	上断面名称	下断面名称	化学需氧量（mg/L）	氨氮（mg/L）
史河	史河豫皖缓冲区	河南省固始县三河尖	安徽省霍邱县陈村（河口）	20	1
史河	史河固始上游农业用水区	河南省固始县省界(安徽省叶集下游3.3 km)	河南省固始县七一大桥上游10 km	20	1
史河	史河固始景观娱乐用水区	河南省固始县七一大桥上游10 km	河南省固始县七一大桥	20	1
史河	史河固始排污控制区	河南省固始县七一大桥	河南省固始县七一大桥下游5 km	30	1.5
史河	史河固始下游农业用水区	河南省固始县七一大桥下游5 km	河南省固始县三河尖入淮河口	20	1
灌河	灌河下游农业用水区	固始县马堽集镇	河南省固始县入史河口	20	1
泉河	泉河皖豫保留区	安徽省霍邱县河源	河南省固始县入史河口	20	1

9.4.2.3　设计水文条件

1. 设计流量的计算

确定设计流量的目的是推求与设计流量相应的平均流速。与设计流量相应的平均流速是计算水功能区纳污能力一个重要的参数，也是决定水功能区纳污能力大小的一个非常敏感的变量。设计流量的正确与否，直接决定计算出的水功能区纳污能力是否准确。

水功能区河段内无水文资料，可根据相邻上下游有水文站系列资料的水功能区设计流量用内插法确定设计流量。在资料较少、上下游水功能区均无系列水文资料时，选取平偏枯典型年的枯水期平均流量作为设计流量。在上下游均无水文资料的河段，利用产流面积与水系或水文站控制产流面积的比例确定枯水期设计流量。

依照《水域纳污能力计算规程》（GB/T 25173—2010），河流水域纳污能力应采用90%保证率最枯月平均流量或近10年最枯月平均流量作为设计流量；季节性河流宜选取不为零的最小月平均流量作为样本进行分析；流向不定的水网地区宜采用90%保证率流速为零时的低水位相应水量作为设计水量；有水利工程控制的河段可采用最小下泄流量或河道内生态基流作为设计流量。

2. 资料收集

1）流量资料

选取固始县河流2007～2016年共10年最枯月平均流量资料作为计算系列。

2）流速资料

计算单元内的河流流速是通过统计实测流量、流速资料，建立流量—流速关系曲线，根据该河段的设计流量确定的相应流速。流量—流速关系式为

$$u = aQ^b \tag{9-1}$$

式中：u 为断面平均流速，m/s；Q 为流量值，m^3/s；a、b 为待定系数。

3. 保证率计算

采用理论频率皮尔逊Ⅲ型曲线，确定各河流90%保证率最枯月平均流量作为设计流量。建立流量—流速关系曲线，查断面平均流速。

4. 设计流量、流速计算结果

固始县水功能区设计流量、设计流速计算结果见表9-5。

表9-5　固始县水功能区设计流量、设计流速计算结果

河流	水功能区		设计流量（m^3/s）	设计流速（m/s）
	一级水功能区	二级水功能区		
史河	史河豫皖缓冲区		7.21	0.38
史河	史河固始开发利用区	史河固始上游农业用水区	3.33	0.26
史河	史河固始开发利用区	史河固始景观娱乐用水区	4.93	0.31
史河	史河固始开发利用区	史河固始排污控制区	4.93	0.31
史河	史河固始开发利用区	史河固始下游农业用水区	7.21	0.38
灌河	灌河信阳开发利用区	灌河下游农业用水区（固始段）	3.60	0.31
泉河	泉河皖豫保留区		0.78	0.03

9.4.3　计算模型

依照《水域纳污能力计算规程》（GB/T 25173—2010），宽深比不大的中小河流，污染物质在较短的河段内，基本能在断面内均匀混合，断面污染物浓度横向变化不大，可采用一维水质模型计算纳污能力。对于大型宽阔水域及大型湖泊、水库，采用二维水质模型或污染带模型计算纳污能力。

不论采用哪种水质模型，都要进行检验，模型参数可以采用经验法和实验法确定，计算成果需进行合理性分析。

根据《河南省重要河湖水功能区纳污能力核定和分阶段限制排污总量控制方案》（河南省水文水资源局，2012），结合淮河流域水域特点，本次河流水功能区纳污能力计算采用一维水质模型。

水质模型以物质守恒定律和化学反应动力学原理为基础，即

$$dC/dt = -kC \tag{9-2}$$

式中：C 为污染物质量浓度，mg/L；t 为污染物在确定区域内降解时间，d；k 为污染物综合衰减系数，1/d。

对于河道水体流动明显的河道用一维水质模型模拟。

因为流动河道中,污染物浓度沿程是变化的,式(9-2)引进 $dt = dx/u$,并求得其一维水质模型稳态解析解为

$$C = C_0 e^{\frac{-kx}{u}} \tag{9-3}$$

式中:x 为与起始断面间的距离,km;u 为设计条件下河段平均流速,km/d;C_0 为起始断面污染物浓度,mg/L;其他符号意义同前。

9.4.4 模型参数估值

污染物综合衰减系数 k 是反映污染物沿程变化的综合系数,它体现污染物自身的变化,也体现了环境对污染物的影响。它是计算水体纳污能力的一项重要参数,对于不同的污染物、不同的环境条件,其值是不同的。该系数常用自然条件下的实测资料率定,率定方法常用二断面法和多断面法。

9.4.4.1 二断面法

选取一个河道顺直、水流稳定、中间无支流汇入、无排污口的河段,分别在河段上游(A 点)和下游(B 点)布设采样点,监测污染物浓度值,并同时测验水文参数以确定断面平均流速。综合衰减系数 k 按下式计算:

$$k = \frac{V}{X}\ln\frac{C_A}{C_B} \tag{9-4}$$

式中:C_A 为河段上断面污染物浓度,mg/L;C_B 为河段下断面污染物浓度,mg/L;X 为河段长度,km;V 为河段平均流速,km/d。

9.4.4.2 多断面法

对于有多断面水质资料的河段可用回归分析法确定 k 值:对一组 $\ln C$ 和 x/u 作线性回归,所得回归方程的斜率就为该河段的 $-k$ 值。对各水质指标应分别作 k 值分析。

本次计算 k 值采用《淮河流域及山东半岛水资源保护规划》分析成果,即

化学需氧量(COD_{Cr})

$$k = 0.050 + 0.68u \tag{9-5}$$

氨氮(NH_3—N)

$$k = 0.061 + 0.551u \tag{9-6}$$

式中:u 为计算单元设计流速,m/s;k 为综合衰减系数,1/d。

9.4.5 计算程序与方法

本次水功能区纳污能力计算步骤如下:

(1)分析设计流量,确定区段设计流量 Q 和流速 u;

(2)确定来水浓度 C_0、出水浓度 C_s;

(3)分析模型计算参数 k 值;

(4)调查分析入河排污口分布,进行污染源概化;

(5)分析计算区段现状,选取计算模型并计算纳污能力。

根据河流状况,采用一维水质模型,纳污能力计算方法如下。

9.4.5.1　分析功能区设计流量 Q 和流速 u

由前面所述的方法确定水文断面的设计流量和流速，在此基础上确定水功能区段的计算流量和流速。

9.4.5.2　确定来水浓度 C_0、出水浓度 C_s

河源初始段面水质浓度 C_0 采用本底值，下一河段的来水浓度 C_0 即为上一段面的出水浓度 C_s，河段的出水浓度 C_s 由水功能区水质目标确定。

9.4.5.3　模型计算参数 k 值的确定

由前面所述方法确定。

9.4.5.4　进行污染源概化

对一个纳污能力计算区段而言，其入河排污口分布千差万别，为简化因排污口分布所带来的纳污能力计算的复杂性，将排污口在功能区上的分布加以概化。根据河南省的具体情况，在纳污能力计算时将排污口概化为功能区中断面排污，据此排污分布推算河段的纳污能力。

9.4.5.5　纳污能力计算

根据水质模型和污染概化结果计算纳污能力，计算公式表述如下：

将计算河段内的多个排污口概化为一个集中的排污口，概化排污口位于河段中点处，相当于一个集中点源，该集中点源的实际自净长度为河段长的一半，设河段长度为 L，则污染物自净长度为 $L/2$。因此，对于功能区下断面，其污染物浓度为

$$C_{X=L} = C_0\exp\left(\frac{-KL}{u}\right) - m/Q_0\exp\left(\frac{-KL}{2u}\right) \tag{9-7}$$

式中：Q_0 为功能区设计流量，m^3/s；C_0 为初始浓度值，mg/L；K 为污染物综合衰减系数，1/d；X 为纵向距离，km；u 为设计流量下的平均流速，m/s；m 为污染物入河速率，g/s。其他符号意义同前。

通过式(9-7)，可以推导出计算纳污能力的公式为

$$W = 31.536\left[(Q_0 + q)C_s\exp\left(\frac{KL}{86.4\times 2\times u}\right) - C_0Q_0\exp\left(-\frac{KL}{86.4\times 2\times u}\right)\right] \tag{9-8}$$

式中：W 为功能区纳污能力，t/年；q 为功能区入河污水流量，m^3/s；C_s 为本功能区水质目标值，mg/L；其他符号意义同前。

9.4.6　纳污能力计算结果

（1）根据设计条件，确定各种参数，计算纳污能力。固始县水功能区纳污能力计算参数见表 9-6。

（2）固始县水功能区纳污能力计算结果。固始县参与纳污能力计算的水功能区共计 7 个，河长 174 km。经计算，90%保证率下固始县地表水总的纳污能力为：COD 为 6 131.6 t/年，氨氮为 299.6 t/年。固始县各水功能区纳污能力见表 9-7。

表 9-6　固始县水功能区纳污能力计算参数

水功能区名称	设计水文条件	C_{0c} (mg/L)	C_{0n} (mg/L)	C_{sc} (mg/L)	C_{sn} (mg/L)	Q_0 (m^3/s)	q (m^3/s)	u (m/s)	K_c (1/d)	K_n (1/d)	L (km)
史河固始上游农业用水区	90%	20	1	20	1	3. 33	0	0. 26	0. 227	0. 204	25
史河固始景观娱乐用水区	90%	20	1	20	1	4. 93	0. 210	0. 31	0. 261	0. 232	10
史河固始排污控制区	90%	20	1	20	1	4. 93	0. 190	0. 31	0. 261	0. 232	5
史河固始下游农业用水区	90%	20	1	20	1	7. 21	0	0. 38	0. 308	0. 27	45
史河豫皖缓冲区	90%	20	1	20	1	7. 21	0	0. 38	0. 308	0. 27	5
灌河下游农业用水区	90%	20	1	20	1	3. 60	0. 231	0. 31	0. 261	0. 232	30
泉河皖豫保留区	90%	20	1	20	1	0. 78	0	0. 03	0. 07	0. 078	54

表 9-7　固始县纳污能力计算单元结果

河流	一级功能区名称	二级功能区名称	起始断面	终止断面	设计水文条件	纳污能力(t/年)	
						COD_{Cr}	NH_3—N
史河	史河豫皖缓冲区		河南省固始县三河尖	安徽省霍邱县陈村(河口)	90%	531. 6	23. 9
	史河固始开发利用区	史河固始上游农业用水区	河南省固始县省界(安徽省叶集下游 3. 3 km)	河南省固始县七一大桥上游 10 km	90%	442. 0	20. 4
	史河固始开发利用区	史河固始景观娱乐用水区	河南省固始县七一大桥上游 10 km	河南省固始县七一大桥	90%	1 928. 6	95. 3
	史河固始开发利用区	史河固始排污控制区	河南省固始县七一大桥	河南省固始县七一大桥下游 5 km	90%	1 936. 6	84. 7
	史河固始开发利用区	史河固始下游农业用水区	河南省固始县七一大桥下游 5 km	河南省固始县三河尖入淮河口	90%	213. 6	9. 4
灌河	灌河信阳开发利用区	灌河下游农业用水区	固始县马堽集镇	河南省固始县入史河口	90%	834. 2	37. 9
泉河	泉河皖豫保留区		安徽省霍邱县河源	河南省固始县入史河口	90%	245. 0	28. 0

9.5　地表水水质保护措施

地表水水质保护措施可分为工程措施和非工程措施两类。工程措施包括推行清洁生产工艺、加大工业废水处理与达标排放、提高水环境容量和水体自净能力(主要包括水利工程调度、引水减污、疏浚清淤等工程措施)、水质监测网络布设等。非工程措施主要表现在管理方面,即软环境的建设,包括调整工业布局和产业结构、关停污染严重企业、环境监察与环境执法、建立地表水水质保护机构和应对突发事件机制等。

9.5.1　污染源控制措施

污染源控制可分为水体外部污染源控制与水体内部污染源控制两部分。外源控制又包括点源控制与非点源控制两部分,其控制对象包括生活污水、工业废水、畜禽养殖的粪尿与废水、农业面源污染等。内源污染控制主要指江、河、湖、库水体污染物转化和底泥积聚与释放的控制。

9.5.1.1　城镇生活污染源控制

城镇生活污染源主要是指生活污水,其主要控制措施如下:

(1)加快城镇污水处理设施建设,加大生活污水处理力度。

要解决固始县水资源短缺、水污染严重问题,实施废水资源化是重要途径之一。实施污水回用、减少废水排放是控制水环境污染、解决水资源短缺矛盾的有效措施。因此,要严格按照《固始县环境保护"十二五"规划》中的有关内容,在加快城区生活污水处理设施建设的同时,推进中心乡(镇)生活污水处理设施建设步伐,优先建设城镇污水处理设施配套管网,推行雨污分流,提高城镇污水收集的能力和效率。

(2)完善污水处理设施运行机制,提高排污监管力度。

加强污水处理费的征收,着力推进城市污水处理设施建设和运营的市场化改革,提高污水处理设施的运行效率,全面规范污水处理厂的排污监管。

加大城镇水环境污染治理宏观调控力度,采取行政、法律、金融等手段,一方面把城镇水污染防治列入当地政府目标考核,实行责任追究;另一方面建立有效的城镇水污染防治投资机制、运营机制和价格机制,拓宽资金投入渠道,引导治理资金投入。

9.5.1.2　工业污染源控制

工业废水污染防治应采取综合性的对策,一般可分为宏观性控制、技术性控制以及管理性控制三大类。其中,发展清洁生产及节水减污是控制工业废水污染最重要的对策和措施。

(1)加快产业结构调整和优化升级。

认真落实国务院关于《促进产业结构调整暂行规定》,对照《产业结构调整指导目录》(2011),大力发展鼓励类项目,严格控制限制类项目,按期取缔淘汰类项目。

(2)加强对工业企业的技术改造,积极推进清洁生产。

引导企业采用先进的生产工艺和技术手段,厉行节水减污,降低单位工业产品或产值的排水量及污染物排放负荷,鼓励一水多用和再生水的开发利用,提高工业用水的重复利用率。大力推行清洁生产,从源头减少水污染物产生量。

(3)加大工业废水处理力度,实现达标排放。

加大工业污染治理力度,切实加强对排污单位的审核和监管,重点水污染源实行自动在线监控,实现水污染源全面达标排放。

(4)加强水资源保护管理,全面推行污染物排放总量与排污许可证制度。

建立以总量控制为核心的环境管理机制,实施排污许可证制度,使污染物排放由单一的浓度控制走向浓度和总量双重控制。对不能稳定达到排放标准或者超过核定的排放总量的单位,环保部门要做出限期治理的决定,对严重污染环境的企业,实行限产或者停产治理,逾期未完成治理任务的企业依法责令停业或者关闭。

9.5.1.3　农业面源污染控制

面源污染正逐步成为水体的主要污染源,粗放型农业耕作模式造成农灌退水和化肥农药流失量大,面源有机污染对河流水质影响明显。在加强点源控制基础上,必须加大面污染源的治理和控制力度。应采取得力措施,加快区域的水土保持工作进度,逐步调整农业产业结构,积极发展节水灌溉农业,指导农民科学施用化肥农药,把面污染源的治理、控制纳入水污染防治与水资源保护的监控体系。

(1)推动农业生态工程建设,控制农业面源污染。

推广农村沼气无害化处理,秸秆气化,秸秆覆盖,平衡施肥和病虫害综合防治技术,改变农村能源结构,促进农业废弃物资源化的发展。发展农业清洁生产,促进现代农业发展,推动农业结构调整。推广使用喷灌、滴灌等节水灌溉技术,大力发展节水农业,削减农田径流,从源头和生产过程有效控制农业面源污染。

(2)开展污染现状调查与监测,有效治理农业面源污染。

对农业面源污染现状,包括污染源、污染物及其对水体的污染响应等进行全面普查,加强农业面源污染常规性监测,争取在短期内查明污染来源,污染成因和污染途径,掌握农业面源对水体的影响范围和强度,评价农业污染物氨氮、COD、P、杀虫剂等对水体负荷量的影响,污染贡献率以及冲刷泥沙引起的水体淤塞等问题。及时、准确、科学、全面地掌握农业面源污染现状,建立主要农业污染源,污染物及重点污染区、敏感区档案和调查监测信息数据库,并通过综合分析,了解污染物迁移转化规律和面源污染动态,建立变化趋势模型,为全县农业污染源总量和农业面源污染的有效治理提供科学依据。

9.5.1.4　水体内源污染控制

水体内源污染控制主要指江、河、湖、库水体污染物转化和底泥积聚与释放的控制。江、河、湖、库底泥疏浚是解决水体内源磷污染释放的重要措施。可将疏浚挖出的污泥进行浓缩,上清液经除磷后回流湖库,污泥可直接用作农田肥料,改善土质。另外,可以通过对支流河岸的整治、基底修复,种植适宜的水生、陆生植物,构成绿化隔离带,维护河流良性生态系统。

9.5.2　水环境修复工程措施

水环境修复工程措施主要包括水工程调度、引水减污、疏浚清淤以及生物净化等,以提高水环境容量和水体的自净能力，适用于已污染水体的治理。

9.5.2.1　水利工程

水利工程在水资源保护中具有十分重要的作用。水利工程的引水、调水、蓄水、排水等各种设施，可以改善水资源的质量。因此，采用正确的水利工程设施能够有效改善水质状况。通过江、河、湖、库水系上一系列的水利工程，改变天然水系的丰、枯水期水量不平衡状况，控制江河径流量，增加天然河道枯水期径流量，使河流在枯水期具有一定的水量来稀释净化污染物质，改善水环境状况。

9.5.2.2　引水减污工程

引水减污工程措施就是增加河流水域的水环境容量，提高水体自净能力，将污水冲走。引水可以在本河流内，也可以跨河流引水、调水。

9.5.2.3　生物净化工程

城市污水天然净化系统的特点，是利用生态工程学的原理及自然界微生物的作用，对废污水实现净化处理。在稳定塘、水生植物塘、水生动物塘、湿地、土地处理系统，以及上述处理工艺的组合系统中，菌藻及其他微生物、浮游动物、底栖动物、水生植物、农作物及水生动物等，进行多层次、多功能的代谢过程，还有相伴随的物理、化学、物理化学的多过程，可以使污水处理中的有机污染物、氮、磷等营养素及其他污染物进行多级转换、利用和去除，从而实现废水的无害化、资源化与再利用。其最大特点是具有投资少、运行费用低、净化效率高的优点。

9.5.3　地表水饮用水源地保护

地表水饮用水源地保护措施主要包括水源地保护及综合整治工程、水源地隔离防护工程及水源保护区污染源综合整治工程。

9.5.3.1　地表水饮用水水源地保护及综合整治工程

在县城地表水饮用水源保护区边界，建设隔离防护工程，对饮用水源保护区内的污染源和直接进入保护区的入河排污口进行综合治理，落实排污口封闭、搬迁、分流、面源治理、固体废物清理处置、污染底泥清淤等措施。

9.5.3.2　地表水饮用水源地隔离防护工程

在县城主要饮用水源保护区，设置隔离防护设施，包括物理隔离工程（护栏、围网等）和生物隔离工程（如防护林），防止人类活动对水源保护区水量、水质造成影响。隔离工程原则上应沿着水源保护区的边界建设，可根据保护区的大小、周边具体情况等因素，合理确定隔离工程的范围和工程类型。

9.5.3.3　地表水饮用水源保护区污染源综合整治工程

保护区点污染源综合整治工程：禁止在保护区内从事可能污染饮用水源的活动，禁止与保护水源无关的建设项目。禁止在饮用水源保护区内新建畜禽养殖场，对原有养殖业应按有关规定限期搬迁或关闭，暂时不能搬迁的要采取防治措施。

保护区面源污染控制工程：主要指农田径流污染控制工程，通过坑、塘、池等工程措施，减少径流冲刷和土壤流失，并通过生物系统拦截净化面源污染。

保护区内源污染治理工程:对底泥污染严重并对水质造成不利影响的饮用水水源保护区,实施底泥清淤工程。禁止水产养殖,避免鱼饵及排泄物污染水体水质。

9.5.4 地表水水质监测体系建设

地表水水质监测是为水质规划及水功能区管理服务,其主要目的在于检验地表水水质保护工作的进展情况。应根据保护措施实施需要设置水质监测站点,加强地表水水质监测,加强污染事故应急处理系统及信息能力建设。除地表水水质监测外,还应定期安排水功能区对应的排污口污染物质调查和监测。

监测站点布设要求、监测时间、频次与项目等,按照《全国水资源综合规划技术大纲》《全国水资源综合规划地表水资源保护补充技术细则》(2003)、《水环境监测规范》(SL 219—2013)、《地表水环境质量标准》(GB 3838—2002)等技术文件执行。

9.5.5 地表水水质保护管理措施

造成水资源质量下降的一个非常重要原因是管理不善,因此必须强化水资源保护意识,科学管理,确保水功能区水质目标的实现。具体措施如下:

(1)明确水体功能与水质保护目标,确保水功能区水质达标。

(2)继续推行总量控制制度,实施排污许可证制度。

(3)加强环境监测能力建设,完善水域水质监测网络体系。

(4)完善水资源保护管理机制,建立健全水质保护相关法规体系。

9.6 地下水保护

根据固始县工业用水、生活用水及农业灌溉用水量调查结果,固始县地下水开发利用程度一般。固始县浅层地下水开采程度不一,县城城区大量集中开采地下水,开采程度较高,广大农村地区为分散开采,开采程度较低。虽然县城城区及个别集中供水的乡村在枯水年份形成了一定范围的水位降落漏斗,但丰水年份水位又恢复正常,并未持续下降,因此工作区浅层地下水不超采。固始县中深层地下水总体开采程度较低,县城城区及个别乡村相对较高,但总体开采量较小,未形成降落漏斗,不超采。固始县地下水未超采,规划不再进行地下水超采区保护和地下水地质灾害区保护的相关工作。

9.6.1 地下水污染区保护

日趋严重的地下水污染,严重威胁到城乡居民的饮用水安全和身体健康。因此,应大力加强对地下水污染的控制和管理。针对固始县,提出如下几点对策:

(1)开展地下水环境脆弱性评价,为决策、管理、规划、设计人员提供依据。

(2)加强饮用水源地保护,重视农村人口饮用水问题。

(3)推广清洁生产技术,减少污染物的排放量。

(4)完善污水截流及排水系统,加快城区及乡(镇)污水处理厂的建设。

(5)加强固体废弃物的收集、处置、利用和处理。

(6)合理施用农药、化肥,减少农业面源污染。

(7)加强地下水保护监管和执法力度,贯彻实施地下水保护相关法律法规。

(8)建立健全地下水水质监控网络。

9.6.2　地下水饮用水源地保护

工作区地表水资源利用方便,农业灌溉和工业用水应首先使用地表水资源;在不能利用地表水资源的地带,应制定合理的开采动态,防止浅层地下水埋深过大,地下水埋深保持在 4 ~6 m 范围内。

应限制使用中深层地下水,确保中深层地下水资源有序开采,防止中深层地下水资源枯竭。

在开采井周围一定范围内禁止建设化工、电镀、皮革等高污染企业,从事饲养、放养畜禽、建立墓地等活动,倾倒或堆放工业废渣、城市垃圾、粪便和其他有毒有害废弃物。

9.6.3　地下水动态监测网络建设

对现有地下水监测网的监测密度和监测频率进行优化,建立科学、有效的地下水动态监测网,以便为政府部门提供科学可靠的地下水信息。地下水动态监测主要包括水位、水量、水质及水温监测,尤其要对水源地的地下水动态进行监测。监测站点布设要求、监测时间、频次与项目等,按照《全国水资源综合规划技术大纲》《地下水监测规范》(SL 183—2005)、《水环境监测规范》(SL 219—2013)、《地下水质量标准》(GB/T 14848—2017)等技术文件执行。

9.6.4　地下水保护管理措施

地下水作为固始县水资源中重要的一部分,是社会经济可持续发展的重要保障,加强对地下水资源管理和具体保护措施的落实,具有十分重要的现实意义。具体管理措施主要有以下几点:

(1)加强宣传,努力创造保护地下水资源的良好社会氛围。

(2)强化法制建设,严格规范各项用水行为。

(3)运用经济杠杆作用,大力开展节约用水。

(4)建立高效有序的水资源管理机制,完善地下水动态监测体系。

9.7　与水相关的生态环境保护与修复

固始县地表水污染主要以面源污染为主,主要污染物为氨氮、总磷和高锰酸盐指数等。根据固始县实际情况及城市与工业发展规划,对各水平年的生态环境保护与修复投资进行估算(见表 9-8)。

表 9-8　固始县生态环境保护与修复主要工程一览

项目名称	项目类型	主要建设内容	总投资（万元）	实施水平年
史河支流水库水生态综合治理工程	水生态系统保护与修复	在夏河湾水库上游重建植物群落，生态修复 2.5 km^2，建设人工湿地 1 km^2，库区养殖场迁建。锁口水库库区上游生态修复 2 km^2，水库重建植物群落，建设人工湿地 0.4 km^2，库区养殖场迁建。在关门山水库上游重建植物群落，生态修复 2.5 km^2，建设人工湿地 1 km^2，库区养殖场迁建。桃花坞水库库区上游 3 km^2 建生态长廊，库区周边 3.2 km 新建堤岸绿化	48 000	2020
固始淮河湿地水生态保护与修复工程	水生态系统保护与修复	对省级自然湿地保护区实施退耕还林还草还河工程 1 万亩，修复固始淮河湿地崩塌护岸及网格护土、河岸生态防护工程 50 km，湿地植被人工恢复工程 1 000亩，湿地封育保护 50 km，湿地生态补水工程 20 km	20 000	2020
史灌河、泉河入淮段湿地建设工程	水生态系统保护与修复	实施退耕还林还草还河工程 0.9 万亩，修复崩塌护岸及网格护土、河岸生态防护工程 40 km，湿地植被人工恢复工程 800 亩，湿地封育保护 40 km，湿地生态补水工程 20 km。史灌河长 54 km，对于史灌河重要河段进行综合整治，实施河道湖泊生态清淤，计划在河床淤积严重地段进行疏浚治理，清淤段长 18.5 km，平均清淤厚度 0.75 m，平均宽度 260 m，土方量 300 万 m^3	27 200	2020
灌河水生态保护与修复工程	水生态系统保护与修复	险工护岸及网格护土林草栽植 50 km、扩大河道断面、水生植物群落重建，清淤长 16 km，平均清淤厚度 0.7 m，平均宽度 240 m，土方量 268.8 万 m^3	13 000	2030
史河水生态保护与修复工程	水生态系统保护与修复	对河道水体、滨水带、水陆生态系统进行建设与恢复，河道整治、生态护岸 40 km，水生植物群落重建 50 km；清淤河段长 28.5 km，清淤 235 万 m^3	18 600	2020
白露河固始段水生态保护与修复工程	水生态系统保护与修复	险工护岸 10 km 及网格护土林草栽植、清淤 18 km，保护水环境，河岸生态防护 35 km	9 000	2030
史河信阳入河排污口综合整治	入河排污口布局与整治	4 个排污口整治工程：2 个排污口标志牌、1 个缓冲堰板和 1 个截污导流 9 km	2 704	2020

第 10 章　水资源管理制度建设

10.1　最严格水资源管理制度

10.1.1　实行最严格水资源管理制度

2012 年 1 月,国务院发布了《关于实行最严格水资源管理制度的意见》,这是继 2011 年中央一号文件和中央水利工作会议明确要求实行最严格水资源管理制度以来,国务院对实行该制度做出的全面部署和具体安排,是指导当前和今后一个时期我国水资源工作的纲领性文件。对于解决我国复杂的水资源水环境问题,实现经济社会的可持续发展具有深远意义和重要影响。

严格规划管理和水资源论证。编制水资源综合规划及水资源相关专业规划,形成较为完备的水资源规划体系;在相关规划编制和项目建设布局中加强水资源论证工作;严格执行建设项目水资源论证制度。

严格控制取用水总量。要明晰城区及各乡(镇)的用水总量控制目标;根据分配的阶段性水量控制指标编制年度取用水计划,依法对本行政区域的年度用水实行总量管理,年度用水计划报上一级水行政主管部门备案;鼓励建立和探索水权制度,运用市场机制合理配置水资源。

完善用水定额及标准体系。在水资源供需平衡分析、现状用水水平分析、水资源合理配置的基础上,水行政主管部门组织有关行业主管部门,按照职责分工,结合节水型社会建设的发展需要,科学制定本行政区域内用水定额。重点区域和重点领域的用水定额和节水标准要率先制定。

全面加强节约用水管理。切实推进节水型社会建设,建立健全有利于节约用水的体制和机制;稳步推进水价改革;引水、调水、供用水工程建设首先考虑节水要求;深入推进节水型企业(单位)、节水型社区、节水型灌溉、节水型校园建设;限制高耗水产业发展,遏制农业粗放用水。

加快推进节水技术改造。严格执行节水强制性标准,禁止生产和销售不符合节水强制性标准的产品;加快推广先进适用的节水技术、工业、装备和产品,加大农业、工业、生活节水技术的改造力度;大力推广适用生活节水器具,着力降低供水管网漏损率;鼓励非常规水源开发利用,并纳入水资源统一配置。

夯实行业管理基础,提高水资源管理水平。搞好水资源调查评价,及时掌握水资源变化及其开发利用状况。加快水资源监控体系建设,建立与用水总量控制、用水效率提高、水功能区管理和水源地保护相适应的监控设施和管理平台,为实施最严格的水资源管理制度提供条件。

加强水资源管理责任考核。严格实施水资源管理考核制度,水行政主管部门负责会同有关部门,对各地区水资源开发利用、节约保护主要指标落实情况进行考核,并将水资源管理考核纳入各地区年度工作考核目标,考核结果作为领导干部综合考核评价的重要依据。

区域水资源综合配置调度。在水资源评价及开发利用现状分析的基础上,预测固始县规划年全县生产、生活、生态环境需水量。根据固始县节水、水资源保护和污水处理再利用规划,综合考虑各种水源和经济结构调整的可能性,在水资源合理配置和节约、保护基础上,统筹规划本县各分区水资源的开发利用和综合治理等措施,提出与生态建设和环境保护相协调,与经济社会发展相适应的开发利用布局和治理实施方案。

10.1.2　建立健全以取水许可为基础的国家水权制度

以贯彻落实《取水许可和水资源费征收管理条例》为主线,全面落实水权的配置与管理,完善取水许可和水资源有偿使用制度。积极推进计划用水制度的实施。建立以水权管理为核心的水资源管理机制,继续推进用水计量、实时监控等水权制度建设的技术支撑系统建设。制定水权交易市场规则,维护交易方的合法权益。制订水量分配方案,建立取水许可总量控制体系。

完善取水许可制度,稳步推进水权确权工作。按照总量控制、定额管理的要求,完善区域用水总量控制指标体系,逐级明晰流域和区域取水许可总量和权益。健全水资源用途管制制度。将用水控制总量作为区域初始水权,在完善取用水户取水许可的基础上,推进水资源使用权确权登记工作,建立健全水权初始分配制度。根据从严从紧的要求重新核定用水户的取用水量和换发或发放新证,对取水用户做到明确许可取水量、明确年度取水计划、明确取水计量措施、明确节水目标、明确退水水质要求。

积极培育和发展水市场。推动水权交易制度建设,鼓励和引导地区间、行业间、用水户间开展水权交易,探索多种形式的水权流转方式。统筹建立水权交易机制,推动水权交易平台建设,加强水权交易监管,维护水市场良好秩序。探索建立流域上下游、重要水源地、重要水生态修复治理区等水生态保护补偿机制。

严格水资源论证和取水许可管理。健全规划水资源论证制度,按照以水定产、以水定城的要求,把水资源论证作为产业布局、城市建设、区域发展等规划审批的重要前置条件。发放取水许可证要明确载明取用水具体用途、取水口及各取水口许可取用水量、取水许可证有效期限等。

加强取水许可审批,严禁非法取水。水务部门要严格按照相关法律对取水许可申请进行审批,确保水资源开发利用的可持续发展;加强对地表水、地下水取水行为的监管力度,严禁用水企业或用水户私自非法取水。

严格水资源用途变更监管。未经批准不得擅自改变水资源用途。确需变更用途的,必须由原审批机关按程序批准。规范水权水市场建设,在符合用途管制的前提下,鼓励通过水权交易等市场手段促进水资源有序流转。

加强水资源监控计量。严格落实《取水许可和水资源费征收管理条例》关于取用水计量设施安装和运行要求,切实加强取用水计量监管,提高用水计量和监控水平。在完善总量控制和定额管理相结合的用水制度和取水许可制度的基础上，逐级明晰取水许可总量，建立和健全以取水许可为基础的水权制度。

10.2　取用水管理制度

10.2.1　建立健全总量控制与定额管理相结合的用水管理体制

根据水资源综合规划等成果，明确未来一个时期用水总量控制指标，建立流域和区域取水许可总量控制指标，作为需水管理的重要依据，实施流域、区域用水总量控制。实行用水总量控制，促进水资源可持续利用。在完善总量控制和定额管理相结合的用水制度和取水许可制度的基础之上，逐级明晰取水许可总量，建立健全以取水许可为基础的水权制度。合理确定水价，充分发挥水价对用水的调节作用。建立水资源统一管理体制是保障水资源可持续利用的基础。严格年度计划用水管理，严格取水许可审批和水资源论证，强化取水计量监管，对超过取水总量控制指标的，不再审批新增取水。同时，要积极探索水权流转的实现形式，不断健全水权制度，充分利用市场机制，优化配置水资源。

严格实行计划用水制度。各流域和区域要根据水的中长期供求计划、江河水量分配方案、水资源状况和年度预测来水量，按照统筹协调、综合平衡、留有余地的原则，合理动态制订年度用水和水量调度计划；逐步建立将年度水量调配方案、用水计划纳入国民经济和社会发展年度计划的管理机制；建立并完善向取水户下达年度用水计划的制度，建立健全计划用水的监督机制，各类取水用户都要按照批准的用水计划用水；完善节水绩效考核制度，形成节约有奖、超用惩罚的节水机制。建立水资源高效利用的激励机制。

加强水资源用途管制。贯彻落实中央关于健全自然资源用途管制制度要求，按照“节水优先、空间均衡、系统治理、两手发力”的工作方针，加强水资源用途管制工作，统筹协调好生活、生产、生态用水，充分发挥水资源的多重功能，使水资源按用途得到合理开发、高效利用和有效保护。

落实水资源用途管制各项措施。在生活用水方面，将保障城乡居民生活用水作为水资源用途管制的第一目标；在生态需水方面，加强江河湖库水量统一调度管理，合理安排重要断面下泄水量，维持河湖基本生态用水需求；在农业用水方面，强化农业取水许可管理，明确各灌区的合理用水量和供水水源，保障各灌区的合理用水；在工业、服务业等经营性用水方面，合理配置好工业、服务业等行业生产经营用水，引导鼓励采用先进节水技术，降低用水定额，提高用水效率。

强化水资源用途监管。健全规划水资源论证制度，按照以水定产、以水定城的要求，把水资源论证作为产业布局、城市建设、区域发展等规划审批的重要前置条件。严格取水许可管理，规范取水许可验收、取水许可证发放和延续工作，全面加强取水许可管理。强化水功能区分类管理，把水功能区作为各项涉水活动管理的基础平台，按照水功能区类别实行分区管理。严格水资源用途变更监管，未经批准不得擅自改变水资源用途。切实加强取用水计量监管，加快推进水资源监控能力建设等。明确管理责任，强化监控监督，确保水资源按照确定的用途使用，严格追究违反用途管制的责任。

10.2.2 建立科学合理的水价形成机制

依据《中华人民共和国价格法》《水利工程供水价格管理办法》,全面推行以“差别化水价”为重点的水价改革。发挥水价的调节作用,兼顾效率和公平,促进节约用水和产业结构调整。工业和服务业用水逐步实行超额累进加价制度,拉开高耗水行业与其他行业的水价差价。按照促进节约用水、降低农民水费支出、财政适当补贴、保障灌溉工程良性运行的原则,推进农业综合水价改革。理顺城市水价结构,合理调整城市居民生活用水价格,稳步推行阶梯式水价制度。

实行用水总量控制和定额管理相结合制度,对超定额实行加价制,积极试行和推广基本水价和计量水价相结合的两部制水价。建立水资源价格调整预警机制,形成水价格动态调整机制,规范水价格调整行为。

以促进节约用水和污水治理为重点,优先调整污水处理费标准,尽快实施居民用水阶梯式水价,重视完善自来水等公用产品价格改革对弱势群体的补偿机制。优先提高城市污水处理费标准,积极运用价格杠杆促进节约用水保护水资源。将合理利用水资源与防治水污染相结合,努力实现污水再生利用,为经济社会发展提供良好的水环境,理顺管理体制,优先提高污水处理费,加快城市污水处理设施的建设。

加大水资源费的征缴力度和征收范围。依照《中华人民共和国水法》及《取水许可和水资源费征收管理条例》(国务院460号令)的规定,进一步强化征收手段,科学、公平、合理地征收水资源费;扩大水资源费征收范围,对城市公共供水、水利工程供水等征收水资源费。严格把控工业用水,对高耗水行业实行高水价。合理调整水利工程供水价格。

对城市居民生活用水实行“阶梯式水价”,制定鼓励使用再生水的价格政策,提高城市污水处理费征收标准,合理调整水利工程供水价格,建立对供水企业的成本约束机制。

10.3 水资源保护制度

10.3.1 完善以水功能区管理为基础的水资源保护制度

制定水功能区管理条例。核定水功能区水域纳污总量,制定分阶段控制目标,依法提出污染物入河总量控制意见。建立健全排污总量控制制度,严格入河排污权管理,建立入河排污口登记和审批制度,将水功能区限排总量分解到入河排污口,加强对排污口的监督管理。新建、改建、扩建入河入湖排污口要进行严格论证,强化对主要河流的管制,坚决取缔饮用水源保护区内的排污口。严格取水和退水水质管理,合理制定取用水户退排水的监督管理控制标准,严禁直接向河流内排放超标工业废污水,严禁利用渗坑向地下退排污水。通过多部门协作,加大水污染治理力度,减少废污水和污染物的排放量。采取强有力的措施,控制和减少非点源污染物入河量。

划定地下水功能区,制定地下水保护规划,完善地下水监督管理制度,提出压缩地下水超采量的方案,开展地下水保护试点工作。

完善水功能区监控体系。加强水功能区水质监测网络建设,对重要水功能区和重要入河排污口进行实时监控。完善城乡饮用水源地水质监测和安全评价体系，逐步增加常规监测项目和开展有毒有机污染物定期监测；完善突发性饮用水安全事件的预警预报体系和应急预案；加强省界断面、重点控制断面和重点排污口的水质监测设施和监测网络建设，逐步完善水功能区监控监测体系，全面提高水污染突发事件应急能力。

强化水功能区达标管理，有效保护水资源。根据不同水功能区的功能定位和水质现状，确定不同功能区的达标率要求，强化水功能区达标监督管理。按照水功能区目标要求，科学核定水域纳污能力，依法提出限制排污的意见，加强控制断面水质监测以及入河排污总量监控。强化饮用水源地保护和监测，完善突发性供水安全应急预案，保障饮用水安全。严格地下水开发利用总量控制。

强化水资源保护。确立水功能区限制纳污红线，建立水功能区限制纳污指标体系。严格控制入河排污总量，完善监测预警管理制度，定期公布水污染情况，以水功能区达标率和限制排污总量作为重要依据，切实抓好水污染防治和污染减排工作。依法执行入河排污口设置审批制度，对排污量超出水功能区划限制总量的地区，停止审批新增取水、入河排污口和环境影响评价。强化饮用水源保护，加大饮用水源保护区内违章建筑清拆、排污口关闭等整治力度；加强饮用水源应急管理，保障城乡用水安全。加强地下水资源保护，调整地下水开采布局，优化配置，合理利用。加强地下水动态监测和监管，预防和治理地下水污染。

严格执行取水许可和污染物入河许可制度。对排污口进行水质动态监控，随时掌握水质状况。根据规划应适当调整或关闭一些污染严重的排污口，并加大污水处理工程的建设，确保城市生活饮用水的安全，改善城镇人民生活环境。

实施碧水工程。严格环境准入，在水污染防治重点控制单元的区域内，限制耗水量大、废水排放量大的新建和单纯扩大产能的项目建设。全面排查并淘汰落后产能，集中治理产业集聚区水污染。

加强饮用水源地保护。加强饮用水源地保护和现有饮用水源地水源保护，积极开辟备用水源。建设地下水源防护工程，严格控制地下水源开采，对城区在用和备用取水水井采取防渗、搬迁改造隔离等措施，确保饮用水安全。建立水资源保护监测网站和水源区生态补偿机制，实施水资源保护重要典型区域内污染源治理工程、水资源保护面源污染控制工程、入河排污口设置与整治工程。

严格水资源管理。建立水功能区限制纳污制度，建立水资源管理和考核制度，坚决实行最严格的水资源管理制度，建立健全用水总量和用水效率控制制度，执行节水设施“三同时”制度，涉水项目落实水资源论证报告制度。

10.3.2　建立健全水生态保护制度

不断强化水资源和水生态保护，加强水功能区分级分类监管，全面推进饮用水源地达标建设，加强入河排污口监管，全面推进水生态文明建设，切实将生态文明理念融入到水资源开发、利用、治理、配置、节约、保护的各方面和水利规划、建设、管理的各环节。

健全水资源有偿使用制度和水生态补偿机制。完善水资源费征收、使用和管理制度，严格按照规定的征收范围、对象、标准和程序征收，确保应收尽收，任何单位和个人不得擅自减免、缓征或停征水资源费。水资源费主要用于水资源节约、保护和管理，严格依法查处挤占挪用水资源费的行为。

研究完善政府对生态补偿的调控手段，充分发挥市场机制作用，逐步建立公平公正、积极有效的生态补偿机制，逐步加大补偿力度，努力实现生态补偿的法制化、规范化。

要按照充分保障基本生态环境用水的原则，建立合理的水工程调度运行与管理模式，加强流域和区域水资源统一调配，使流域生态下泄水量等生态控制性指标得到满足。按规划确定的指标建立监督、检查和考核制度。按照“谁开发谁保护、谁受益谁补偿、谁破坏谁修复、谁排污谁付费”的原则，研究建立与水相关的生态补偿机制，保护和修复生态环境。

10.4 水资源管理责任和考核制度

为推进实行最严格水资源管理制度，落实水资源管理行政首长负责制，确保实现水资源开发利用和节约保护的主要目标，依据《国务院办公厅关于印发河南省实行最严格水资源管理制度考核办法的通知》（国办发〔2013〕2 号）和《河南省人民政府办公厅关于印发实行最严格水资源管理制度考核办法的通知》（豫政办〔2013〕104 号）的规定，固始县制定并实施了最严格水资源管理制度考核办法。

固始县政府是实行最严格水资源管理制度的责任主体，其主要责任是对本行政区域水资源管理和保护负责。水行政主管部门会同有关部门，对本地区水资源开发利用、节约保护主要指标的落实情况进行考核，考核结果可作为地方政府相关领导干部综合考核评价的重要依据。

对考核结果为优秀的地区，予以通报表扬，有关部门在项目安排上优先予以考虑。对在水资源节约、保护和管理中取得显著成绩的单位和个人，按照有关规定给予表彰奖励。考核结果为不合格的地区，要在考核结果公布后 1 个月内向上级政府做出书面报告，提出限期整改措施。对在考核工作中有瞒报谎报、弄虚作假的，予以通报批评，对于有关责任人依法依纪追究责任。

10.5 水资源信息监测与应急管理制度

10.5.1 建立健全干旱及突发事件应急调度制度

完善水资源监控体系，强化应急管理。加强水文、水资源、生态环境，取水、供水、用水和退水等水事活动的监测与计量监督系统建设，提高对水资源的动态监测与监控能力，全面加强气候变化对水资源及相关水生态环境的影响研究，完善相关监测监控体系，提高对干旱、突发水污染、安全供水事件的预警能力。

要建立水资源应急组织指挥体系。落实各级政府和有关单位的职责、任务和要求，要建立水资源应急监测体系，提高对特殊干旱、突发水污染事件以及供水危机监测信息分析、预测与损失评估能力。完善部门协调联动机制，采取有效的措施，保障抗灾和应急工作高效有序进行，制止事态进一步发展，最大程度地减少损失，保障经济社会的稳定。

加强防汛抗旱应急管理。落实防汛抗旱地方行政首长负责制，建立防汛抗旱责任追究制度。完善防汛抗旱物资储备制度。编制完善主要河流防御洪水方案和洪水调度方案，以及重点防洪区域洪水风险图，明确洪水风险管理目标并强化相应措施，完善防洪抗旱预案。

特殊干旱期应急对策。统筹配置区域内的各种水源，将优质水资源优先用于城乡居民生活用水，加快备用水源建设，确保特殊干旱年份或发生突发性事件时城乡居民生活用水得到有效保障。确保城镇生活和重点工业用水，降低其用水定额，限制高耗水企业及一些中小型企业的用水，必要的时候要实施分时段供水、超额用水部分大幅提高水价等手段抑制用水。确保农村生活用水，适当限制农业用水；启用应急水源，保证特殊干旱年外调水量。

建立和完善干旱的监测和预报系统。及时掌握水资源供需状况，提高预测干旱灾害的能力。建立抗旱指挥系统，加强防旱、抗旱指挥的组织和应变能力。制订不同特殊干旱和不同干旱等级的应急对策预案，如特殊时期执行特殊水价政策，强行关闭高耗水企业，限时限量供水等。根据及早准确的干旱预报，及时与外域供水部门沟通，提高外域供水保证率。有条件地挤占生态用水需求，如降低河道外生态环境用水标准等，但前提是不对生态环境系统造成不可逆转的影响或是受损生态在预期时段内能够恢复或重建。

特枯干旱年和突发性水污染事件的应急预案。设立县区应急供水小组，制订应急水源和应急供水计划，落实应急供水方案。应急供水应与枯水期供水结合起来，在保证重点行业用水的基础上，非常规地压缩用水需求，重点保障城市居民生活和重点行业用水。应急供水的一般优先顺序为：一是城市居民生活、菜地和食品生产用水，二是重点工业用水，三是一般工业用水，四是农业用水。节约用水，限制用水定额，提高用水效率。

10.5.2　建立水资源储备制度

建立应对特大干旱、连续干旱以及突发安全供水及水污染事件的水源储备制度和应急管理制度，提高应急风险管理水平。针对水资源安全保障中的薄弱环节，按照“以防为主，防抗结合”的原则，合理地确定特殊情况下的应急水源储备，要制订特殊干旱、突发水污染和安全供水等事件情况下的水资源安全保障应急预案，旱情紧急情况及突发事件情况下的水量调度预案，重要的水源水库与供水工程也要制订应急供水调度预案。

第 11 章　总体布局与实施方案

11.1　总体布局

水资源规划总体布局坚持“全面规划、突出重点；节水优先，保护为本；经济合理，技术可行，环境改善”的原则，坚持开源、节流、治污并举，工程措施和非工程措施相结合。针对不同流域和区域的特点，对供水、用水、节水、治污、保护等方面进行统筹安排，实现对地表水、地下水及其他水源在不同区域、不同用水部门水量与水质的统一、合理调配，协调好开发与保护、近期与远期、区域与流域，城市与农村等关系。

水资源开发利用布局应根据各分区水资源条件、经济社会发展目标，因地制宜，努力提高用水效率，合理开发利用地表和地下水资源，有效保护水资源，积极治理利用废污水，即统筹考虑开源、节流、保护、治污的工程措施，建设重点水源保障工程，为缺水地区补充新水源。

根据固始县水资源配置的成果，结合固始县的实际情况，考虑区域内水资源条件、人口、环境与经济社会发展状况等，因地制宜，科学合理地制定水资源开发利用的总体布局。固始县水资源开发利用总体布局归纳为水资源合理配置、水资源高效利用、水资源保护和水资源管理四个方面，在保护的基础上开发利用，在开发利用过程中不断提高保护水平。

11.1.1　水资源合理配置

通过对各类增水、减需、防污和保护措施及其组合方案作用分析比较，根据水资源开发利用总体布局实施的技术可行性和经济合理性，调整本地区水资源的配置方案。

在对现有工程加固、改造和挖掘配套，充分发挥工程效益的基础上，兴建重点水资源保障工程，以增强提高水资源的开发利用程度和调控能力；按照“严格控制地下水源、优先开发当地水源、积极利用再生水源”的原则，做好当地地表水、地下水、中水、跨区域引水等多种水源的优化配置与科学开发利用。

11.1.2　水资源高效利用

根据地区自然特点和经济社会发展目标要求，努力提高用水效率，合理利用地表与地下水资源。在充分发挥现有工程效益的基础上，兴建综合利用的骨干水利枢纽，增强和提高水资源开发利用程度与调控能力。加快县城及产业聚集区、乡(镇)污水处理厂的建设，加大城镇污、废水的处理能力，建设县城中水回用工程，推行分质供水。分别从工业、农业、生活等方面加大节水力度，提高节水水平。工业上，改进生产工艺，调整产业结构，提高工业用水重复利用率，推广应用节水型器具，建设节水工程，减少工业用水量。农业上，大力推广各种先进的节水灌溉方式，调整农业种植结构，种植耗水量较小的作物。生活上，居民生活用水实行分户安表，计量收费，计划用水，对超用水者进行加价收费，实行奖罚措施，改革水费征收办法。

11.1.3　水资源保护

水资源保护是安全饮水工程管理的一项重要工作，是保障水源可持续利用的必要条件。因此，要有效保护水资源，积极治理利用废污水；统筹考虑开源、节流、治污的工程措施。在计算固始县各规划水平年污染物排放量、入河量、纳污能力、控制量、削减量等的基础上，提出排污总量控制方案和污水处理方案，拟订防治对策措施和提出监督管理措施。结合产业结构调整与升级，关闭效益低、污染严重的企业。优先治理重点污染地区和城市的水污染，强化水资源保护。结合水源工程的建设，进行优化调度，努力改善水环境状况。加强水资源保护的非工程措施。

11.1.4　水资源管理

水务一体化管理，是实施水资源优化配置和可持续利用的前提，为水资源的合理开发、高效利用和有效保护提供体制保障。实现城乡水务一体化管理后，取水许可制度和水资源费征收制度才能得以更好地贯彻实施，计划用水、节约用水才能逐步实现制度化、规范化。实现水务一体化管理后，水行政主管部门在水资源优化配置和调度上可以采取“水系联网，地表水与地下水联合调度、优化配置水资源”的方式，同时积极筹措资金，大力开展水源工程和节水工程、污水处理回用工程、水资源保护工程建设，有效地缓解城乡供水不足，切实保障全市的供水安全，水环境安全。

11.2　工程实施方案

11.2.1　重大专项实施方案

加强重点区域河湖渠库的水系连通，构建布局合理、生态良好、引排得当、循环畅通、蓄泄兼筹、调控自如的固始水系连通体系，“十三五”期间拟启动建设以下专项工程。

11.2.1.1　**灌河水系连通工程**

灌河位于固始县西部，发源于商城县，上游建有鲇鱼山水库，在固始县固始境内长 56 km，其在城区段支流，左岸有小河（叶小河）水系，是鲇鱼山水库发电弃水的主要泄水通道，右岸有周小河、淮堰等水系，因缺水长期处于干涸状态，生态环境较差。为改善固始城区周边的水生态环境，依据水生态文明建设试点县的要求，对固始县城区西部以灌河为骨干河道的水系，进行全面系统的综合整治。打造该区域水清、河畅、岸绿、景美的水生态文明示范区。

固始县城西部以灌河为核心的水系连通暨综合整治工程，估算总投资 6.9 亿元。

11.2.1.2　**史河陈围圩区湿地工程**

陈围圩区在番城办事处东北角，西北为灌河，东为史河。距离县城北边 8 km，地势低洼，面积为 2.5 km^2，耕地为 3 750 亩。当地群众居住在岗丘和堤防上。为改善城市周边的生态环境,拟在陈围圩区下游史河河面比较窄的地方(大约距现有橡胶坝 10 km 处)修建长 330 m 的 2 号橡胶坝,坝高 3.5 m,其回水线与现有橡胶坝下游水面线衔接,形成城区和农场段的带状水面。下游与陈围圩区湿地相连,形成宽阔壮观的水面,可有效地改善区域气候环境。对河段的滩地、堤防进行综合整治,美化、绿化,形成 1 号橡胶坝和 2 号橡胶坝之间的风景带,估算投资约 4.6 亿元。若此项目启动,可结合史灌河治理工程再次优化设计内容。

11.2.1.3　史河灌河口湿地保护区

结合史灌泉河水系连通工程,规划在陈围圩区和大寨圩区的下游柴营附近修建拦河控制工程,建设一个兼具湿地保护、科研、教育、文化、旅游等功能的湿地保护区(最终目标是建成国家级湿地公园),既可减少城市发展对湿地环境的干扰和破坏,又可为固始城市、乡村、农业、旅游等行业的发展带来新的契机。概算总投资 6.6 亿元。

11.2.1.4　史灌泉河水系连通工程

为改善史河和泉河水系的水生态环境,依据水生态文明建设试点县的要求,拟对史河、泉河水系进行综合整治,并按《河南省江河湖库综合整治方案编制工作大纲》(河湖水系连通部分)要求,拟在史灌河桥沟大桥上游附近修建丰港拦河泄洪节制闸,在灌河口下游附近修建马家埠拦河泄洪闸,分级抬高史灌河和史河、灌河水位,并通过竹篓河、马家河、月亮河等,建立史灌河与泉河水系之间的水力联系,构建布局合理、生态良好、引排得当、循环畅通、蓄泄兼筹、调控自如的史灌泉河水系连通体系,同时恢复史河、灌河、泉河等水系的航运功能,复兴固始航运梦。

主要工程包括:史河桥沟拦河泄洪节制闸工程;史河灌河口下游附近拦河泄洪节制闸工程;史灌河河道整治工程,长约 36 km;史河灌河口至橡胶坝河道整治工程,长约 13 km;灌河口至灌河阳关大桥河道整治工程,长约 20 km;泉河航道整治工程(固始县交通运输局已有初步方案可行性研究报告);竹篓河、马家河、月亮河连通运河整治工程,长约 29 km。估算总投资 6.2 亿元。

11.2.1.5　石壁水库

石壁水库大坝坝址位于长江河留梦河口下游 1 km 处陈淋子镇境内,控制流域面积 113 km^2。该河段河槽宽约 100 m,河床高程 120 m,河床平均比降约 1/200。

经估算,水库建成蓄水位到 165 m 时,水库蓄水量达 1.3 亿 m^3,此时水面上壅 7.5 m,库区淹没面积 6 km^2,淹没区主要为固始县武庙集乡平阳、长江河两行政村和安徽省金寨县一部分,需迁移人口 0.48 万人。

大坝坝顶高程考虑安全超高 5 m,初步确定为 170 m,坝高 50 m,主要工程为大坝、溢洪道、输水洞及灌溉配套系统,移民搬迁及环库交通道路。估算投资 12.0 亿元。

固始县“十三五”重大专项水利工程建设项目情况见表 11-1。

表 11-1　固始县“十三五”重大专项水利工程建设项目情况

序号	项目名称	项目内容	投资(亿元)	效益	项目简介
1	灌河水系连通	拦河闸、清淤、疏浚、整治	6.9	生态、旅游、供水、航运	以灌河为核心,修建灌河阳关拦河闸、连通小河、灌河、淮堰、周小河,形成固始城区西部水利风景区
2	史河陈围圩区湿地工程	橡胶坝、清淤、疏浚、绿化、美化	4.6	生态、旅游	以陈围圩区为核心,修建史河 2 号橡胶坝,连通圩区湿地水系与史河,形成固始城区北部水生态景区
3	史河灌河口湿地保护区	拦河闸、清淤、疏浚、连通、绿化、美化	6.6	生态、旅游、航运、防洪	修建灌河口史河柴营拦河闸,形成包括灌河河道、史河河道、陈围圩区和大寨圩区在内的湿地保护区,最终建成有影响的国家级湿地公园
4	史灌泉河水系连通工程	拦河闸、清淤、疏浚、连通、绿化、美化	6.2	生态、旅游、供水、防洪、航运	修建桥沟拦河闸、整治河道、连通运河,构建引排得当、循环通畅、调控自如的史灌泉河水系连通体系,复兴固始航运梦
5	石壁水库	大坝、溢洪道、输水洞	12.0	防洪、灌溉、发电、养殖	长江河上游控制性工程,具有防洪、灌溉、发电、养殖等综合效益
合计			36.3		

11.2.2　重大水利工程实施方案

根据固始县水利建设“十三五”总体目标,针对固始县水利发展面临的突出问题和主要矛盾,提出 2020 年水利发展的主要建设任务和措施。“十三五”期间固始县重大水利项目 22 项工程类别,涵盖了供水工程、节水工程、水资源保护工程、水土保持等各方面,总投资 33.8 亿元。

11.2.2.1　防洪减灾方面

1. 河道治理

史灌河治理工程是跨越“十二五”的续建项目,是固始“十三五”期间列入的国家重点建设项目,必须在“十三五”期间完成建设任务,使史灌河水系的防洪标准达到 20 年一遇;实施淮干一般堤防加固工程;开展 200 ~3 000 km^2 中小河流后续项目羊行河、急流涧河、长江河、白露河、石槽河上游段、春河等治理前期工作,治理河道总长 65.7 km。

2. 除涝工程

完成淮河流域贾庙、堰沟、蒋集圩区,老李集、大寨、陈围圩区,黄岗、万家沟、小河湾、徐营及春河等圩区洼地治理可研申报及批复,力争“十三五”中后期开始实施,启动全县提排站的现状调查,摸清运行管理及安全方面存在的问题,有针对性地拿出处理方案。开展县域内其他洼地的涝灾治理的研究,确立治理范围,按国家规定拟定 5 年一遇的治理标准,针对不同的地形地貌环境,采取蓄排结合的方式治理,主要工程措施挖塘蓄水,余土填洼地,修建排涝沟,建提排泵站等拿出规划方案。

3. 山洪灾害及山洪沟治理

继续完善山洪灾害的非工程措施,强化预警信息化建设,预警预报能力进一步加强。山洪沟治理的河流为急流涧河、长江河、羊行河、皮冲河、前后冲等。主要工程措施有对河流山区段进行整治,岸坡护砌,沟道疏浚,山洪防治。

4. 规划年度防汛应急工程项目

主要工程是河道堤防岁修除险、水毁工程修复、排涝闸站检修、维护等,力争使其在防汛中更好发挥作用。

5. 水库工程

完成白果冲水库、杨山水库的前期工作,开展 15 座小型水库的前期工作,其中白果冲水库已列入国家“十二五”期间的重点水利工程建设项目库,研究探索长江河石壁水库建设的可行性。

6. 引水调蓄工程

加快城南区引水调蓄工程建设前期工作。推动通过输水管道从鲇鱼山水库引水,解决县城居民饮水安全问题。

7. 提高史河城区段防洪标准

原则上达到国家规定的标准。主要是史河城区段防洪标准达到 50 年一遇。

8. 病险水闸

完成周营、卢大街、闫寨等 5 座病险水闸除险加固,消除安全隐患。启动中小型水闸的现状调查。分析其安全方面存在问题,并拿出处理方案。

11.2.2.2　民生水利方面

1. 灌区续建配套与节水改造

继续实施梅山、鲇鱼山两大灌区的续建与节水改造;开展 13 处中小型灌区的配套及节水改造前期研究工作;引导利用其他行业资金投入到末级渠系及田间工程建设;实施小农水重点县工程建设,解决 20 万亩农田灌溉最后 1 km 的问题。

2. 农村河道综合整治及水系连通工程

开展这项工程前期工作,主要对流域面积为 50 ~ 200 km^2 的周小河、白水堰、响水沟、小黑河、漂桥沟、堪河、土河、小河、板沧河等农村河道进行清淤,堤防加固,险工护砌,闸、涵、桥、路等建筑物配套,打通区域河系互联互通的梗阻,逐步修复生态,使防洪标准达到 10 年一遇,除涝标准达到 5 年一遇。

3. 小水电工程

继续实施小水电代燃料、水电新农村电气化、农村水电增效减排等三项惠农工程，新建杨山、平寨等 5 座小水电代燃料工程，改造扩建莲花、锁口水电站。

4. 移民后期扶持工程

继续实施移民区生产生活等基础设施建设，做好移民的扶持补偿金发放兑现工作。

5. 险危桥重建工程

开展渠道、河道险危桥调查，尤其是 20 世纪 70 年代的生产桥，标准低老化严重，与现在经济发展不相适应，存在极大安全隐患，调查摸清底数后，分年度逐步解决。

6. 安全饮水工程

"十三五"期间，要巩固完善这项工程，强化运营管理，改造水厂 17 处，新建水厂 5 处，新增受益人口 17.53 万人，使这项民生工程更好地发挥效益。

7. 高效节水灌溉工程

综合考虑全县自然地理，水资源条件区域经济社会发展水平，农田水利发展现状及农业特点，因地制宜选择管灌作为高效节水灌溉模式，规划：①南大桥片分布在石槽河右岸 S204 省道两侧；②赵岗乡片区分布在急流涧河左岸；③三河尖镇片区分布在淮河右岸鲇鱼山马岗干渠十六支末梢；④徐集乡片区分布在梅山中干十二支末梢沿淮低洼易涝区；⑤泉河铺镇片区分布在梅山东干下游右侧，采用机井、泵站与管道相结合灌溉；⑥县规划枣林基地，赵岗、武庙、祖师、段集、方集、陈淋子等采用喷灌和滴灌的方式灌溉。计划在 2016 ~ 2020年五年发展高效节水，面积 2.8 万亩，其中地表水 0.925 万亩、地下水 1.875 万亩。

11.2.2.3　水资源节约与保护方面

优化配置水资源，坚持全面节约用水，建设节水型社会。开展大中型灌区节水配套建设，推广农田灌溉节水技术，提高灌溉水有效利用系数，"十三五"期间节水灌溉面积要逐步提高。

加强工业和城市节水，继续推动节水型示范企业、再生水利用示范工程、节水型示范居民区、节水型示范学校和节水型单位建设，全面提升全县计划用水管理和节约用水水平，城市节水采取减少管网漏水措施，倡导推广节水器具，加强节水宣传，提高全民节水意识。

全面贯彻落实水功能区管理办法，做好县内水功能区的分级监督管理，水功能区的评价和主要功能区的监测管理工作；实施淮河及主要支流水功能区实时监控系统建设，使城镇供水水源地得到有效保护。

结合新农村建设开展实施农村小型沟河的综合整治试点，改造沟塘堰坝的水环境，打造水清、河畅、岸绿、景美的水生态体系。

11.2.2.4　水资源开发利用方面

充分利用梅山水库、鲇鱼山水库的两大资源地，开展跨区域管理输水配水工程的可行性研究，论证从两大水源地引水工程的可行性，尤其是尽快规划实施从鲇鱼山水库通过管道输水方式引水，解决县城区水资源不足问题，确保城镇居民用水安全，为固始县经济社会发展提供用水保障。

对城乡供水继续保持开源与节流并举,切实推行水务一体化管理,充分利用已有的供水工程,加快推进引水调蓄工程的前期工作,提高城市供水保障程度;实施农村安全饮水巩固完善工程,提高农村饮水的保障程度。

继续开展冬春季农田水利基本建设,加快县域内沟、塘、堰、坝的扩建新建工程建设,"十三五"期间改造大塘 3 000 口,进行渠塘相连,使灌区形成有效长藤结瓜的灌溉格局,提高蓄水能力,有效解决现有灌溉主干渠集中输水能力受限问题。研究探讨灌河阳关拦河闸、灌河口史河马家埠拦河闸和史河桥沟拦河闸建设可行性,增强河道滞蓄水能力,缓解史河湾和城关工业集聚区的用水矛盾。

"十三五"期间,在淮河临淮岗洪水控制工程实施低水位蓄水运用时,将使淮河干流、白露河、史灌河下游、泉河下游可利用水资源更加丰富,通过改造淮干郑营、李台、望岗、大寺等提灌站,解决淮河沿岸岗地灌溉水源问题。同时对史灌河下游、泉河下游的小型提灌站进行改造,对丰港圩区倒庙提灌站、堰沟王圩提灌站、贾庙圩区的竹台提灌站进行技术改造,补充解决灌区末梢灌溉水源不足问题。

加大抗旱应急机井的更新改造力度,增加其管理维护投入,充分发挥其灌溉补充作用。

根据全县地下水分布状况,合理有序地开发利用地下水,研究雨洪水利用,为经济社会发展提供用水水源保障。

11.2.2.5　水土保持与河湖生态修复方面

加强水土保持和河流、湖泊、沟塘、堰坝水域生态治理工程建设,继续推进河塘清淤改造和绿化工程建设,加快农村河道综合整治前期工作,着力改善农村水环境。继续扩大南部山区水土保持的治理范围,治理水土流失面积 120 km^2。开展岗丘区及坡耕地治理前期工作,控制水土流失势头。启动史灌、石槽河水源地和淮河滩区湿地保护与修复工程前期工作,采取工程措施和非工程措施建设水源地保护屏障。规划建设小河桥、灌河、周小河、淮堰等水系互联互通的涵养水源的生态示范项目,开展生态小流域和河湖生态修复工程及一批河湖水系连通工程前期工作,研究竹楼河水系、周小河、淮堰、小河桥与灌河水系连通的可行性。"十三五"期间力争使县域内水生态得到显著改善。

11.2.2.6　水生态文明建设方面

水生态文明建设包含了水资源节约、开发、利用、配置、治理、保护的各方面和水利规划、建设、管理的各环节,固始县确定为省级水生态文明试点县。通过实施水生态文明建设和水系连通工程,着力建立多源互补、一水多用,循环增效的目标,打造水清、河畅、岸绿、景美的水生态文明体系。

固始县"十三五"实施的重大水利项目见表 11-2。

表 11-2　固始县“十三五”实施的重大水利项目

类别	项目名称	项目性质	项目内容	建设起止年限	总投资（万元）	“十三五”计划投资（万元）				“十三五”新增效益	项目简介	填表说明
						合计	政府投资	银行贷款	其他资金			
一	水资源配置工程				40 000						从__河（库）引水至__河（库），年调水规模__万 m^3	跨区域、流域水资源配置工程，包括水源和连通工程
	水资源配置工程	新建	输水管道、泵站、	2016～2020 年	40 000	40 000	40 000			40 万人	从鲇鱼山水库跨区调水铺设管网至固始城区供水管网	
二	大型洪水控制工程				120 000							新建大型水库、大型水闸等
	石壁水库	新建（启动前期工作）	大坝、溢洪道、输水洞	2016～2020 年	120 000	120 000	120 000				长江河上游控制性工程，具有防洪、灌溉、发电、养殖等综合效益。兴利库容 11 000 万 m^3	
三	新建中型水库				73 590							
1	白果冲水库	新建	大坝、溢洪道、输水洞	2016～2020 年	52 590	52 590	52 590				石槽河上游控制性工程，具有防洪、灌溉、发电、养殖等综合效益。兴利库容 1 500 万 m^3	
2	杨山水库	新建	大坝、溢洪道、输水洞	2016～2020 年	21 000	21 000	21 000				急流涧河上游控制性工程，具有防洪、灌溉、发电、养殖等综合效益。兴利库容 500 万 m^3	
四	新建小型水库				27 500							

续表 11-2

类别	项目名称	项目性质	项目内容	建设起止年限	总投资（万元）	“十三五”计划投资（万元）				“十三五”新增效益	项目简介	填表说明
						合计	政府投资	银行贷款	其他资金			
	新建小(2)型水库	新建	新建刘楼等 25 座小(2)型水库	2016～2020 年	27 500	27 500	27 500			1 200 万元	分别位于祖师等 10 个乡(镇)	
五	城镇应急备用水源工程				25 660							
	固始县城区调蓄工程	新建	大坝、溢洪道、输水洞	2016～2020 年	25 660	25 660	25 660			20 万人	在原联山水库南部兴建库容，达到 500 万 m^3。为未来城市备用水源	
六	河道治理工程				30 700							大于 3 000 km^2 的重要支流；200～3 000 km^2 的中小河流；50～200 km^2 的中小河道
1	淮干一般堤防加固工程	新建	堤防加高、加固及配套建筑物	2016～2020 年	3 500	3 500	3 500			5 万亩		
2	白露河、长江河等 6 条中小河流治理	新建（启动前期工作）	堤防加高加固、配套建筑物	2016～2018 年	15 200	15 200	15 200			10 万亩	治理重点河段春河 8.4 km、羊行河 10 km、白露河 6.5 km、长江河 24 km、急流涧河 8.2 km、石槽河上游段 8.6 km，共 65.7 km	

续表11-2

类别	项目名称	项目性质	项目内容	建设起止年限	总投资（万元）	“十三五”计划投资（万元）				“十三五”新增效益	项目简介	填表说明
						合计	政府投资	银行贷款	其他资金			
3	农村河道治理	新建（启动前期工作）	堤防加高加固、配套建筑物	2018～2020 年	12 000	12 000	12 000			11 万亩	治理主要小河道：周小河、响水沟、堪河、小河、土河、板沧河等	
七	新建灌区工程											新建大型、中型、小型灌区
八	饮水安全工程				14 092							饮水安全、村村通自来水等
	固始县农村饮水安全工程	新建	解决农村饮水不安全人口 17.53 万人饮水问题	2016～2020 年	14 092	14 092	14 092			17.53 万人	分新建集中供水工程和管网延伸供水工程两种类型	固始县农村饮水安全工程
九	小型农田水利重点县建设项目				8 970							小农水重点县
	小型农田水利重点县建设项目	末级渠系改造	整修斗渠 95 km，整修及开挖农渠 265 km；衬砌斗渠 75 km、农渠 204 km；配套各类建筑物 2 070 座；整治大塘 45 口	2016～2018 年	8 970	8 970	8 640		330	20 万亩	小型农田水利重点县项目为支渠以下田间工程的建设，解决农田灌溉最后 1 km 的问题，主要是整修斗渠及整修开挖农渠，斗、农、毛渠的节水改造，小型建筑物的配套，以及塘、堰、坝等小型水源工程的建设	小型农田水利重点县建设项目

续表 11-2

类别	项目名称	项目性质	项目内容	建设起止年限	总投资（万元）	“十三五”计划投资(万元)				“十三五”新增效益	项目简介	填表说明
						合计	政府投资	银行贷款	其他资金			
十	规模化节水灌溉增效示范项目	高效节水灌溉工程	通过管道输水、泵站提水灌溉	2016～2020年	2 803.69	2 803.69	2 803.69			2.8万亩	主要包括五片:南大桥片、赵岗片、马干十六支末梢片、泉河片和徐集片	
十一	大中型灌区续建配套工程				22 000							大中型灌区续配套节水改造
1	固始县节水改造工程	大型灌区续建	整修及衬砌渠道95 km,配套各类建筑物450座,新建灌区渠道堤顶混凝土硬化建设40 km,改善灌区管理设施400 m^2	2016～2020年	17 000	17 000	17 000			20万亩	根据灌区总体规划要求,对建筑物毁坏严重及对灌区造成重大灾害的骨干工程安排节水改造工程。坚持以节水为中心的原则,提高渠系水利用率。以原有灌排系统和建筑物设施为基础,总结以往灌区建设及运行管理经验,尽量采用成熟的先进技术,针对工程老化,质量差,跑、冒、滴、漏水严重及卡脖子问题,采取防渗、治漏、疏通配套等工程措施加以处理	固始县梅山灌区续建配套与节水改造工程
2	马堽干渠续建配套与节水改造	中型灌区	整修及衬砌渠道、配套各类建筑物	2016～2020年	5 000	5 000	5 000					

续表 11-2

类别	项目名称	项目性质	项目内容	建设起止年限	总投资（万元）	“十三五”计划投资（万元）				“十三五”新增效益	项目简介	填表说明
						合计	政府投资	银行贷款	其他资金			
十二	水资源保护工程				3 370							水生态保护与修复、入河排污口整治、水源地安全保障、水功能区达标治理等工程
1	史河、灌河、史灌河内源治污工程	新建		2018～2020 年	2 810	2 810	2 810			生态		
2	入河排污口治理	新建		2018～2020 年	560	560	560			生态		
十三	城镇及工业节水工程				600							企事业节水设施更新改造
	节水设施	新建		2016～2020 年	600	600	600				节水设备、设施、节水规划	
十四	治涝工程				41 950							
1	圩区治理	新建、改建（启动前期工作）		2016～2020 年	21 600	21 600	21 600			40 万亩	新建泵站、河道疏浚工程等	

续表 11-2

类别	项目名称	项目性质	项目内容	建设起止年限	总投资(万元)	“十三五”计划投资(万元)				“十三五”新增效益	项目简介	填表说明
						合计	政府投资	银行贷款	其他资金			
2	淮河流域平原洼地治理工程	改建	扩建排涝闸站及面上排涝沟系配套工程	2016～2020年	20 350	20 350	20 350			35 万亩		
十五	病险水库除险加固工程	改建	新增单楼等15座小(2)型病险水库险加固	2016～2020年	3 000	3 000	3 000			150	新增小(2)型水库分别位于祖师、方集等10个乡(镇)	
十六	病险水闸除险加固工程	改建、新建	新建及除险加固5座中型水闸	2016～2020年	5 600	5 600	5 600			2 000	周营闸除险加固,汤河坝等4座四类闸重建	
十七	农村水电工程				4 572							小水电代燃料、农村水电电气化县和增效扩容工程
1	固始杨山、平寨等8处水电站代燃料项目	新建	拦水坝、引水渠、电站主体、及输变电设施	2016～2020年	3 432	3 432	3 432			500 万 kW	位于泉河、长江河等低水头发电	

续表 11-2

类别	项目名称	项目性质	项目内容	建设起止年限	总投资（万元）	“十三五”计划投资(万元)				“十三五”新增效益	项目简介	填表说明
						合计	政府投资	银行贷款	其他资金			
2	固始莲花、锁口等水电站增容改造项目	改建	设备更新配套	2016～2020 年	1 140	1 140	1 140			4 073 万 kW		
十八	水土保持工程				8 000							
1	淮河湿地保护与修复工程	新建		2020 年	2 000	2 000	2 000					
2	水土流失治理	新建	治理水土流失面积 120 km^2	2016～2020 年	6 000	6 000	6 000					
十九	移民后期扶持项目				1 500							扶持移民生产的项目
	移民生产扶持项目	新建	路、桥、渠等生产设施建设	2016～2020 年	1 500	1 500	1 500					
二十	抗旱应急工程				1 200							抗旱应急连通工程
	灌溉困难地区打机井	新建	机井	2016～2020 年	1 200	1 200	1 200			2 万亩	机井及机电配套设施建设、发电设备	

续表 11-2

类别	项目名称	项目性质	项目内容	建设起止年限	总投资(万元)	“十三五”计划投资(万元)				“十三五”新增效益	项目简介	填表说明
						合计	政府投资	银行贷款	其他资金			
二十一	调蓄工程				11 800							以调蓄地表水源的调蓄工程
1	石槽河节制闸	新建(启动前期工作)	控制闸	2016~2020年	3 200	3 200	3 200				调蓄水量、补充灌溉水源、改善生态环境	
2	史河孙家沟橡胶坝	新建(启动前期工作)	橡胶坝及其配套工程	2016~2020年	5 100	5 100	5 100				调蓄水量、补充灌溉水源、改善生态环境	
二十二	其他工程				2 900							
1	郑小河与南干渠水系贯通	新建	清淤及涵闸	2016~2020年	1 500	1 500	1 500				老河故道通过涵闸连通,清淤、筑堤增加蓄水量,改善灌溉条件和生态环境	
2	执法及监测设备	新建	机电设备、交通工具等	2016~2020年	200	200	200				水政执法装备建设、水环境监测所需各类设备	
3	山洪灾害防治	续建		2016~2020年	1 200	1 200	1 200					
合计					338 107.7	338 107.7	338 107.7					

注:项目性质为新建、改建、扩建等。

第 12 章　规划实施效果与环境影响评价

12.1　实施效果

固始县水资源开发以可持续发展为根本,以经济发展与社会发展为前提,致力建设资源节约型、环境友好型社会。通过设立严格的水资源管理制度、建设系列节水工程、强化水资源管理监督考核机制,转变固始县用水方式,改进固始县水资源利用现状。全面推进节水型社会建设,促进社会发展,刺激经济增长,保障生态优化,同时实现经济社会的可持续发展,经济效益、社会效益和生态效益等综合效益显著。

12.1.1　综合评价

经济的持续高速发展对水资源提出了更高的要求,固始县经济社会向更高层次的发展、产业结构转型升级、生态环境持续的有效保护,保护水资源工作的推进必不可少。规划结合固始县社会经济、资源环境现状,明确固始县"十三五"时期的主要目标和任务、重点领域、制度和工程建设,从可持续发展的角度,统筹区域经济社会发展、生态环境保护和水资源的开发、利用、配置、节约和保护之间的关系。形成以经济手段为主的节水机制,树立自觉节水意识与行为的社会风尚,切实转变全社会用水模式,在政府、用水户和公众的共同参与下,促进全社会高效合理用水,提高用水效率与效益,实现水资源可持续利用,支撑经济社会可持续发展。规划实施后,固始县目前存在的水资源问题在一定程度上得到改善,达到建成资源节约型环境、友好型社会。

未来 20 年是固始县城镇化快速发展的重要时期,城市规模及城市空间布局将出现重大变化,城镇人口达 80 多万,是现状的 3.6 倍;也是固始县工业化进程加快发展的重要机遇期,国民经济布局和产业结构将会出现重大的战略性调整。保障城镇化和工业化快速健康发展对水资源的需求是水资源规划的重要战略性任务。

12.1.1.1　提高水资源配置能力

与国内先进水平相比,固始县用水效率较低,节水管理与节水技术还比较落后;水资源配置工程体系还不完善,不能有效调蓄和控制水资源以满足经济社会发展的需求。规划实施后,从农村和城镇两个水资源需求情况出发,分别建设一批节水工程、水源调蓄工程和水源调水工程等,针对不同地域需求特点,对水资源进行合理配置,改变目前固始县水资源空间分布不合理的现状,解决水资源的供需矛盾,提高社会的用水保障程度,特别地,将粮食主产区、经济水平欠发达地区、农村人畜饮水困难地区等地区的供水工程和农业用水放在首要位置,推动社会主义新农村的建设。同时,对不同水源的水资源的利用与调配进行合理管理,从根本上改善水源的利用不平衡,有效利用各种水资源。建设供水工程的同时解决了水资源供需矛盾,实现水资源合理利用与可持续发展。

12.1.1.2 完善水资源节水制度

固始县在“十一五”“十二五”的建设中，水资源利用效率已取得了明显的成效，政府部门与水利部门配合实施水资源管理制度，节水的制度建设日趋健全，节水工程体系和技术体系得到发展，水资源利用效率明显提高，节水型社会框架基本形成。为满足固始县社会经济发展对水资源更高的需求，固始县从农业节水工程建设、工业节水工程建设、城镇生活节水建设，以及非常规水利用四个方面建设水资源重复再利用，提高废水使用能力等，统一规划水资源并进行强化管理；加强节水执法监督能力建设，大力开展水行政执法专项行动，对水行政执法人员执法技能培训，建立固始县水行政执法信息指挥系统。规划实施后，到 2030 年，固始县水资源利用效率大幅度提高，接近同期国内先进水平。万元 GDP 用水量由现状年的 124.5 m^3降低到 2030 年的 57.9 m^3，万元工业增加值用水量由 36.4 m^3降低到 2030 年的 18 m^3，工业用水重复利用率由 2015 年的 60% 提高到 2030 年的 78%，农田灌溉水利用系数由 2015 年的 0.505 4 提高到 2030 年的 0.623。

12.1.2 社会效益

作为基础性自然资源，水资源既控制了生态环境也推动了社会经济。节水型社会的建设有效地配置了水资源，提高了用水效率，促进经济社会的和谐发展，水资源配置与社会、经济和资源发展布局相互协调。规划保障重点地区的水资源安全，改善城乡人民的生活、生产条件，重视基本生活用水的要求，提高了人民生活水平，保障小康目标的实现，有利于构建和谐社会。

12.1.2.1 农业节水方面

农业灌溉造成大量水资源浪费，农业中不合理排水导致的水污染现象也较为严重，规划通过节水工程改造和高效节水技术的广泛推广，治理农业污染，实现农业水资源有效利用，实现农民减支增收，提高农民的生活水平，促进农村经济发展，推动新农村建设。

12.1.2.2 工业节水方面

工业废水存在未经合格处理的排放现象，污染固始县当地生态环境。规划通过调整产业结构、改造生产工艺等节水减排措施，节约水资源，引导固始县产业走向科技含量高、资源消耗低、环境污染少、生态效益高的新型工业化道路，促进经济增长方式转变。在保证经济水平的同时，保证的社会的发展。

12.1.2.3 居民节水方面

农村居民饮水安全问题主要为水资源短缺以及水质差，城市居民水资源问题主要为饮用水水源地污染以及供水能力不足，规划突出通过生活节水器具推广、居民饮用水供水管网改造、排污工程及一系列节水工程的实施，有效节约水资源，改善居民生活环境，提高居民生活质量。

12.1.2.4 节水制度方面

相关制度的建设和完善，尤其是全面实施取水许可制度、水资源论证制度，总量控制和定额管理制度等，从根本上建立了科学的用水秩序，避免了水事纠纷；广泛的节水宣传和教育，将提高社会公众资源节约和环境保护的意识，增加固始县经济社会的可持续发展动力。

12.1.3　生态效益

党的"十八大"把"生态文明建设"提升到国家建设与发展总布局的高度。对于人的生存与发展,良好的生态环境是不可缺少的。规划从固始县生态文明建设的现实要求出发,在明晰水资源利用现状基础上,结合固始县水资源利用的特点与趋势,对固始县水资源进行配置时,通过合理的规划及政策保障,保证生态环境的需水量。保障固始县生态环境给固始县带来极大的生态效益,对建设资源节约型,环境友好型社会至关重要。

具体实施过程中,通过水源地保护措施促进了固始县水资源的可持续利用,保障了人民群众的饮水安全;通过河道整治、排污口改造与农业面源污染控制有效地解决了河道防洪排涝、生态用水、河流水质和水景观建设等问题,维护了河流生态系统的组织结构和生态稳定性。通过合理开发利用水资源,拦蓄地表水,补充地下水,遏制污水入侵,维护地下水生态平衡。

规划针对河流、地下水、城镇环境、湿地、生态林草等生态环境的建设用水提供了强有力的保障。在考虑河道最小生态用水量后,规划协调统筹经济用水域生态环境用水,河流生态得到明显改善;规划对地下水开采进行了严格的控制;协调城市环境、湿地及生态林草等需水量,规划举措有效改善了固始县生态环境。

规划实施后,通过全面掌握全县水质情况,严格控制河流排污情况;通过加大工业、农业污水处理力度,加强河流污染治理及生态修复,改善了河湖生态环境,保障了水资源源头的安全。规划实施后,统筹社会发展、经济发展、生态保护与水资源利用的关系,规划产生了巨大的效益,促进了人与自然和谐相处。

12.2　环境影响评价

12.2.1　环境影响

规划全篇着眼水资源的有效合理利用,贯彻持续发展的理念,对固始县的水资源进行合理调配使用,注重环境和经济的大方向的同时以满足人民群众对水资源的基本需求为根本出发点。实施规划对社会环境、水环境、生态环境等方面的影响,都有巨大益处。而从具体来说,有利影响是持久的、深远的,不利影响主要发生在一些具体工程项目建设的施工期和少部分工程的运行期,且其中的不利影响是微乎其微并且可通过针对性措施予以减轻、避免或降低到最低限度的。

12.2.1.1　社会环境

规划的实施给固始县带来的首先是用水效率的提高,效果极其明显,可以缓解水资源供需矛盾,对于社会而言具有很大的社会价值;规划的水资源配置方案实施后,可以促进固始县各个区域间协调发展,统筹农村和城市的发展;规划的水资源保护措施实施后,可以有效遏制水环境恶化的趋势,减少水污染带来的损失,逐渐改善环境。

12.2.1.2　水环境

规划的水资源保护措施实施后,城市生活污水处理率大大提高,进而促进污水处理再利用率的提升，整体水环境得到极大的改善。达到节水减排的目的，节省相关污水处理负担，减少污水处理厂的建设数量或延缓污水处理构筑物的扩建，使现有系统可以接纳更多用户的污水，减少受纳水体的污染。带来明显的环境效益，除提高水资源承载能力、水环境承载能力等方面的效益外，还有美化环境、维护河流生态平衡等方面的效益。

12.2.1.3 生态环境

水资源开发利用工程主要包括地表水的蓄水工程、引水工程、提水工程、跨区域调水工程和地下水开发利用工程等。而水资源开发利用不能单纯修建水利工程、调节水量，而要从经济、环境和社会等多方面考虑，在查明供需现状的基础上，预测不同发展阶段的供水和需水数量，提出供需不平衡的可能解决途径，探索最优的解决方案。地表水和地下水统一开发、联合调度，以提高水资源的利用率。在制定供水规划考虑水量的同时，规定污水排放标准，要有明确的水源保护措施。从长远利益考虑，推行节水型社会，乃是解决城市水源不足和减少污水排放量的重要对策。

12.2.2 对策和措施

针对规划实施可能产生的主要不利影响，提出如下主要对策和措施：

(1)在水资源开发利用的同时，更加重视对水资源的节约和保护，重视对河流生态和地下水系统的保护，努力创建节水型城市，实施可持续发展，努力建立节水型经济和节水型城市。

(2)依法加强建设项目的水资源论证和取水许可审批、水土保持方案编制和环境影响评价等工程建设前期工作，强化对水工程建设全过程的监督管理，认真落实各项环境保护措施。

(3)大力普及节水型生活用水器具，开源与节流并重，节流优先、治污为本、科学开源，综合利用。依法管水，科学用水，自觉节水。强化城市节约用水管理，节约和保护城市水资源。努力建立节水型经济和节水型社会。

(4)加强对规划实施可能影响的重要生态环境敏感区水生态系统的监测，及时掌握环境变化，及时采取相应的补救措施。

(5)加强规划实施的环境风险评价工作，针对可能发生的重大环境风险问题，制订突发性环境事件应急预案和风险应急管理措施。

12.2.3 初步评价结论

综上所述，固始县水资源综合规划始终坚持可持续发展，在了解固始县水资源、水环境和生态环境现状的基础上，运用科学有效的规划方案基本实现水资源的合理开发、高效利用、优化配置、全面节约、有效保护、综合治理和科学管理的总体目标。规划方案的实施，将极大地促进和保障固始县人口、资源、环境和经济的协调发展，产生巨大的社会经济效益和环境效益，可基本解决水资源短缺、水污染和水生态环境失衡等问题，确保饮水安全、城市供水安全。虽然规划方案的实施难免给流域生态环境带来一定的不利影响，但通过针对性的环境保护对策和措施，强化管理，可将不利影响降低到最低限度。

第 13 章　规划实施保障措施

(1)强化社会监督,完善考核机制。

全面强化社会监督。加强水资源信息公开,定期向社会公布本区域用水总量、水质、水资源开发利用重大工程、水污染防治等重大信息,接受社会和群众监督。通过公开听证、网络征集等形式,充分听取公众对水资源重大决策和建设项目的意见。健全举报制度,依法限期解决群众举报投诉的水资源问题,对查实的案件,鼓励给予举报人奖励。积极推行涉及水资源的环境公益诉讼,公开曝光环境违法典型案件。对规划实施情况进行考核,并将考核结果作为领导干部综合考核评价的重要依据。

(2)加强宣传引导,营造良好氛围。

宣传教育既是水资源管理的基础,也是水资源管理的重要手段。水资源科学知识的普及、水资源可持续利用观的建立、国家水资源法规和政策的贯彻实施、水情通报等,都需要通过行之有效的宣传教育来实现。

加强水资源规划宣传。充分利用各种媒体,加大对水资源规划工作的宣传力度,提高全社会对水资源规划利用重要性的认识与了解,充分调动全社会积极性。

开展节约用水宣传。积极开展节水宣传教育,倡导全社会节约用水,使节约用水成为全社会的良好风尚和自觉行动。大力开展节水行动、干旱日等活动,吸引和提高全社会对水资源综合利用的关注。

加强水法宣传。强化舆论,充分调动市民对水污染控制的社会监督功能,使水资源保护环境公共政策家喻户晓。大力宣传水务法规、政策,使市民了解、熟悉主要的水法规、政策,提高全民的水法规意识与法治观念,营造和改善依法制水的软环境。严格执法,强化监督,依法惩处各种违法违章行为,从而提高水行政执法力度。

(3)健全法律法规,强化依法管水。

按照《中华人民共和国水法》《中华人民共和国防洪法》《中华人民共和国水污染防治法》《取水许可和水资源费征收管理条例》等法规,提出固始县在水量分配与管理、水源地保护、入河污染物管理、节水型社会建设等方面相应配套规章和实施办法。完善水资源突发性事件应急机制,规范水事行为,依法行政,依法治水,提高水利执法力度和执法水平,促进和保障水利建设顺利进行。

全面加强水行政执法。建立健全权责明确、行为规范、监督有效、保障有力的水行政执法体制,强化专职水行政执法队伍和能力建设。建立健全水利部门与相关部门的联合执法机制,加大现场执法力度,切实做到严格规范、公正文明执法。完善水资源突发性事件应急机制,规范水事行为,依法行政,依法治水,提高水利执法力度和执法水平,促进和保障水利建设顺利进行。健全涉水矛盾纠纷排查化解机制。

树立法制观念,增强依法行政意识。增强水务工作者的法律意识,自觉维护法律的权威。

加强法制学习，提高水行政执法水平。加强执法队伍与执法体系的建设，形成覆盖全县的水行政执法网络。提高水行政执法人员素质和执法效率，增加执法透明度，树立良好形象；进行统一的水法律、法规培训。

加强对领导干部的法制教育。领导干部到任前应经过一定学时的水政策法规知识培训，加强对水行政执法人员的教育与培训，提高执法人员文化水平、执法水平、水利专业知识和综合素质；对于水事纠纷和水事案件的处理情况应予以公告，让公民及时了解和学习。

加强执法信息网络建设。加强固始县水利信息化建设，提高执法效率和执法水平，增强水行政许可的公正和透明。完善水行政执法责任制、水行政执法巡查制度等制度。

(4)推进科技创新，注重人才培养。

全面推进水利科技创新体系建设，不断提升水利科技支撑能力。认真贯彻落实党和国家关于发展水务的各项方针政策，依靠科学技术的进步与创新，采用先进的科学技术，实现对水资源的合理开发、高效利用、优化配置、全面节约和综合治理，有效地解决洪涝灾害、水污染等问题，为水务事业的发展提供决策支持和技术支撑。用现代科技和现代管理方式建设水务、管理水务。增加水资源科技投入，加强水资源科技成果推广。

推进水资源管理信息化建设。整合防汛抗旱、水文水资源、城乡供水等各类业务，建设应急指挥平台。建立覆盖水资源配置、调度、节约、保护等各个环节的水资源管理智能系统，增强水资源精细化管理能力。

实现水资源管理信息化。采用计算机技术、微电子技术、现代通信技术、遥感技术、地理信息系统、全球定位系统及自动化技术，建立水资源实时监控管理系统、防洪指挥调度决策系统、城市供水网络的监控管理系统、污水处理网络的调度系统、水环境监测和评价信息系统、水土保持监测与管理信息系统等。

实现部门管理信息化。建立水务管理部门的办公自动化、网络化，通达信息交流，建立水务政务信息系统，主要完成水务的日常办公事务管理工作；建立水务信息公众服务系统，提供最新动态的资料查询，为公众提供了解水务、三防工作的窗口。

在人才队伍建设方面，以人才能力建设为重点，以基层水利人才教育培养为基础，逐步推进与现代化水资源管理相适应的高素质人才队伍建设。运用有力的组织措施和激励机制，稳定水利人才，建立一支人才结构合理、人员精干高效、适应地区水利建设的人才队伍。

(5)科学制定规划，加强政策指导。

水资源综合利用是一项跨区域、跨行业、跨部门的综合性系统工程，因此规划的制订要从长远利益和整体利益出发，对水资源的开发利用做出总体安排。应全面规划，统筹兼顾，利用原则，充分发挥水资源的效益。

《固始县水资源综合规划》是固始县未来一个时期内水资源节约、利用、保护、管理等方面的纲领性文件，必须统筹安排、协调落实。依据本规划确定的目标、任务和要求，进一步细化、分解任务目标，明确具体工程、布局和时序安排，严格落实责任。制订水资源开发利用、节水型社会建设、水污染防治、水生态文明建设等专项规划，注重本县规划与省、市规划的衔接，进一步完善水资源综合利用中长期规划体系。建立规划定期评估机制和动态调整机制，确保规划实施的科学性、合理性。

科学制订规划。继续完善以水资源综合规划和防洪规划为基础，以流域规划和专业规划为支撑的水利规划体系，强化水利规划的法律地位和作用。做好重大水利建设项目规划论证，注重对建设项目的技术经济、资金筹措、环境影响、土地利用等方面的可行性论证，完善水利建设项目决策机制，依法规范水资源开发行为，严格抓好建设项目水资源论证制度在固始县的实施，根据需要和可能，合理安排水利工程建设。

强化政策导向，根据规划提出的目标和任务，加强经济社会发展政策的统筹协调，注重短期政策与长期政策的衔接配合。围绕经济社会发展重点领域，研究制定配套政策，搞好政策法规制定和实施，综合实施消费、投资、产业和财政等政策。密切联系宏观环境变化和发展实际，加强政策储备，为各项发展目标实现提供有力支撑。

(6)加强组织领导，落实职责分工。

根据《中华人民共和国水法》《中华人民共和国防洪法》《中华人民共和国水土保持法》和《中华人民共和国水污染防治法》等水法规的规定，依法管水，依法行政，实行最严格水资源管理制度。

固始县水资源综合规划实施是一项长期的任务，是固始县水资源开发、利用、治理、配置、节约、保护与管理工作的重要依据。科学制定水资源节约、保护、配置和可持续利用的战略目标、总体思路、主要任务与对策、措施，以确保规划的实施可有力促进水资源利用和管理方式的转变，全面提升水资源对经济社会发展和生态文明建设的支撑和保障能力，从而为全面建设小康社会、转变增长方式、促进现代化进程、生态文明建设提供水资源安全保障。各部门应按照分工，切实履行职责，具体落实规划目标和任务，把水资源综合规划变成行之有效的行动和管理依据，保障规划的顺利实施。

明确政府责任，形成政策支撑合力。各乡(镇)政府及办事处必须树立责任意识，加强水资源规划实施的组织落实。制订规划实施方案，分解落实规划目标和任务，明确部门分工，落实工作责任。强化部门间日常协作配合，在行政审批、资金投入、项目用地方面制定保障措施，切实落实行业职责，齐抓共管，形成合力。

加强水资源统一管理，推进水管理体制改革。各级政府要把水资源综合利用作为推动科学发展的重要内容、转变经济发展方式的重点任务，切实落实各项措施，统筹推进节约、利用、保护和管理工作。建立水资源综合利用工作议事决策机制和经常化调度机制，定期研究解决重大问题。强化水行政主管部门的水资源管理与监督职能，落实实行最严格水资源管理制度的各项措施，加强对水资源开发利用全过程的监督，协调好水资源开发利用与节约保护的关系，切实提高社会管理和公共服务的水平。

水利部门要切实承担起水利改革重任，成立相应组织机构，总体推进辖区内深化水利改革工作。响应河南省水利厅对水利改革布置的任务，制订本县单项实施方案，细化实化改革措施，明确改革的时间表、路线图和阶段性目标。结合本地实际，研究制订深化水利改革总体实施方案，并抓好组织实施并报信阳市与河南省水利厅备案。建立水利改革信息报送和动态跟踪机制，及时掌握本县水利改革进展及存在的问题，加强改革任务统筹安排和综合协调，切实解决突出问题，确保改革工作顺利推进。与周围市(县)密切配合、协同推进水利重点领域和关键环节的改革，及时报送改革进展情况。加强对水利工作的督促检查和考核评估,确保各项目标任务有效落实。总结水利改革经验,凝练有效模式,结合本地区实际,在一些重点领域和关键环节大胆探索,勇于创新。

(7)加大投入力度,拓宽融资渠道。

水利投入是加快水利基础设施建设的重要保障。坚持多渠道增加投入的原则,研究增加水利投入的新渠道,广辟资金来源。按照分级负担、分类筹措的原则,形成多渠道、多层次,多元化的水利投入保障机制。坚持政府主导,健全公共财政水利投入稳定增长机制;进一步发挥市场作用,鼓励和吸引社会资本更多投入水利。落实相关税收优惠政策,支持重大节水工程建设、节水型社会综合示范、取用水计量监控等双控重点任务落实。

完善公共财政水利投入政策。发挥政府投资的主导作用,将水利作为公共财政投入的重点领域。各级财政部门要切实保障公益性、准公益性水利工程管理单位基本支出和维修养护经费,多渠道建立乡(镇)水利工程运行维护经费投入机制,对公益性小型水利工程管护经费和农业排灌工程运行管理费用给予补助。

加大政策支持力度,积极争取各级财政对水利的投入。不断扩大预算内固定资产水利投资和财政水利专项资金规模。用足用好水利建设基金政策,拓宽来源渠道,增加收入规模,实行预算管理,争取将水利重点项目配套资金纳入各级财政专项预算,建立配套资金稳定的投入来源。依法征收水资源费、水土保持补偿费等水利规费,全面落实水利建设基金征收、管理和使用制度。建立健全水土保持、建设项目占用水利设施、水域等补偿制度,协调各级财政足额从土地出让收益中计提农田水利建设资金,专项用于农田水利建设。

加大对水利建设的金融支持,落实水利金融支持相关政策。贯彻落实《关于进一步做好水利改革发展金融服务的意见》(银发 51 号文),加强与各类银行等金融机构的协作,出台金融支持水利改革发展的具体实施意见与办法。推动建立水利中长期政策性贷款机制,积极争取水利工程建设贷款地方财政贴息政策,降低贷款成本,扩大贷款规模。

鼓励和吸引社会资本投入水利建设。在鼓励和引导民间资本投入农田水利和水土保持的基础上,进一步研究把引调水工程、水源工程建设等作为吸引社会资本的重要领域。鼓励各类企业与个人以多种形式参与经营性水利项目建设,并给予同等的经营性权益。对于准公益性水利工程,制定政府补贴机制,鼓励和引导企业、个人等符合条件的投资主体,以合资、独资、特许经营等方式投入水利工程建设。

附 图

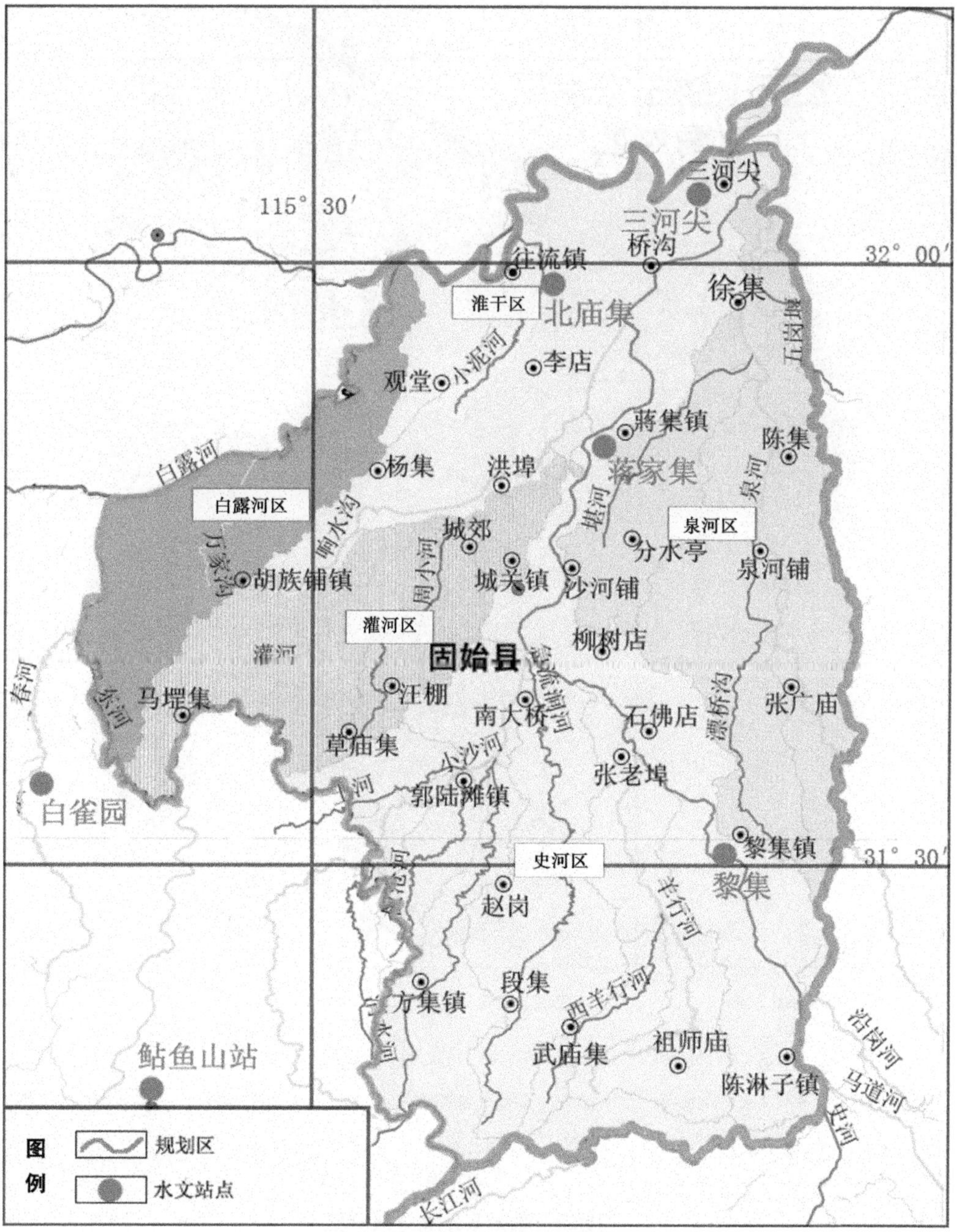

附图1 固始县水资源分区

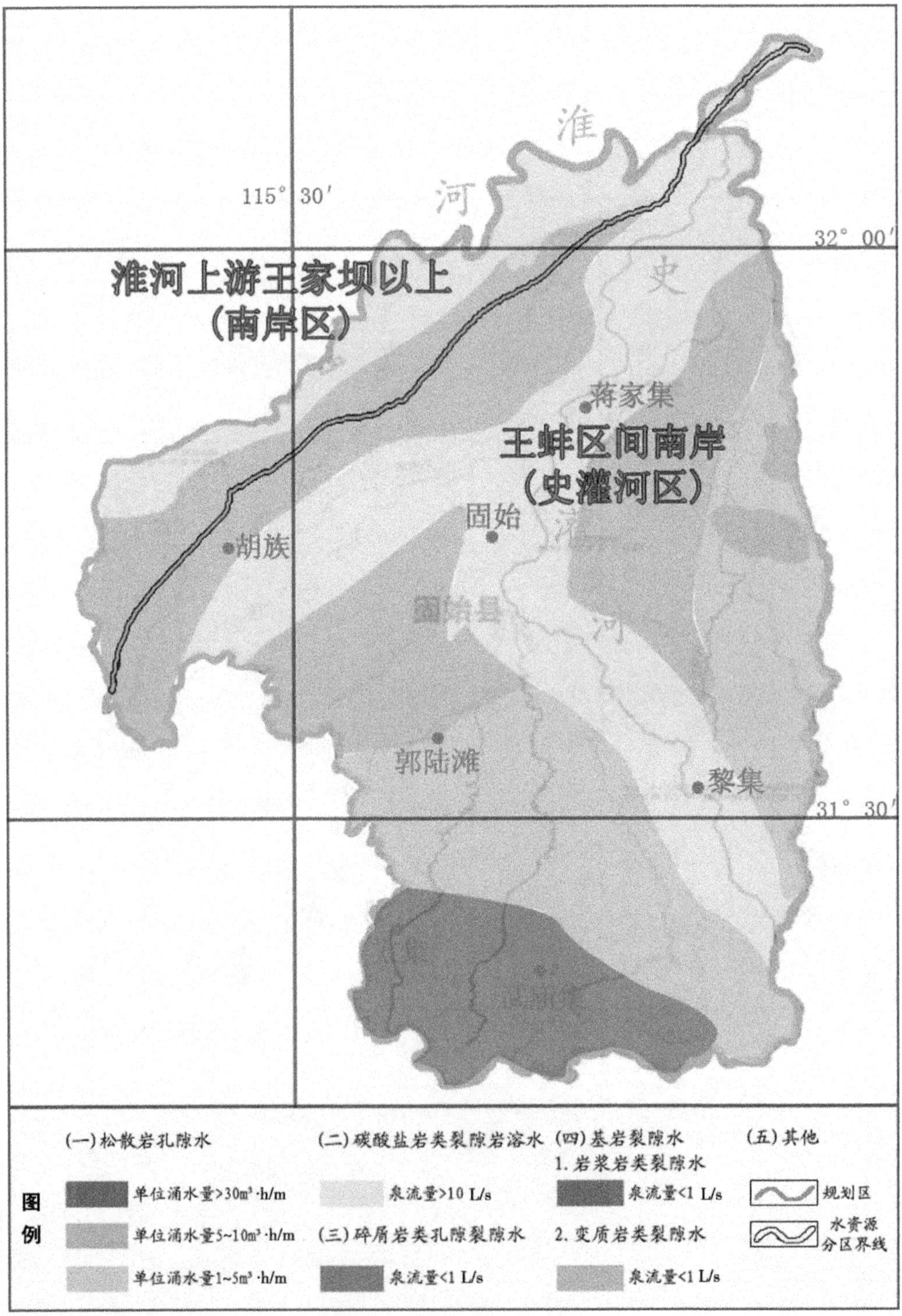

附图2　固始县水文地质分区

附图 3　固始县雨量观测站分布

附图 4　固始县 1956～2014 年平均降水量等值线

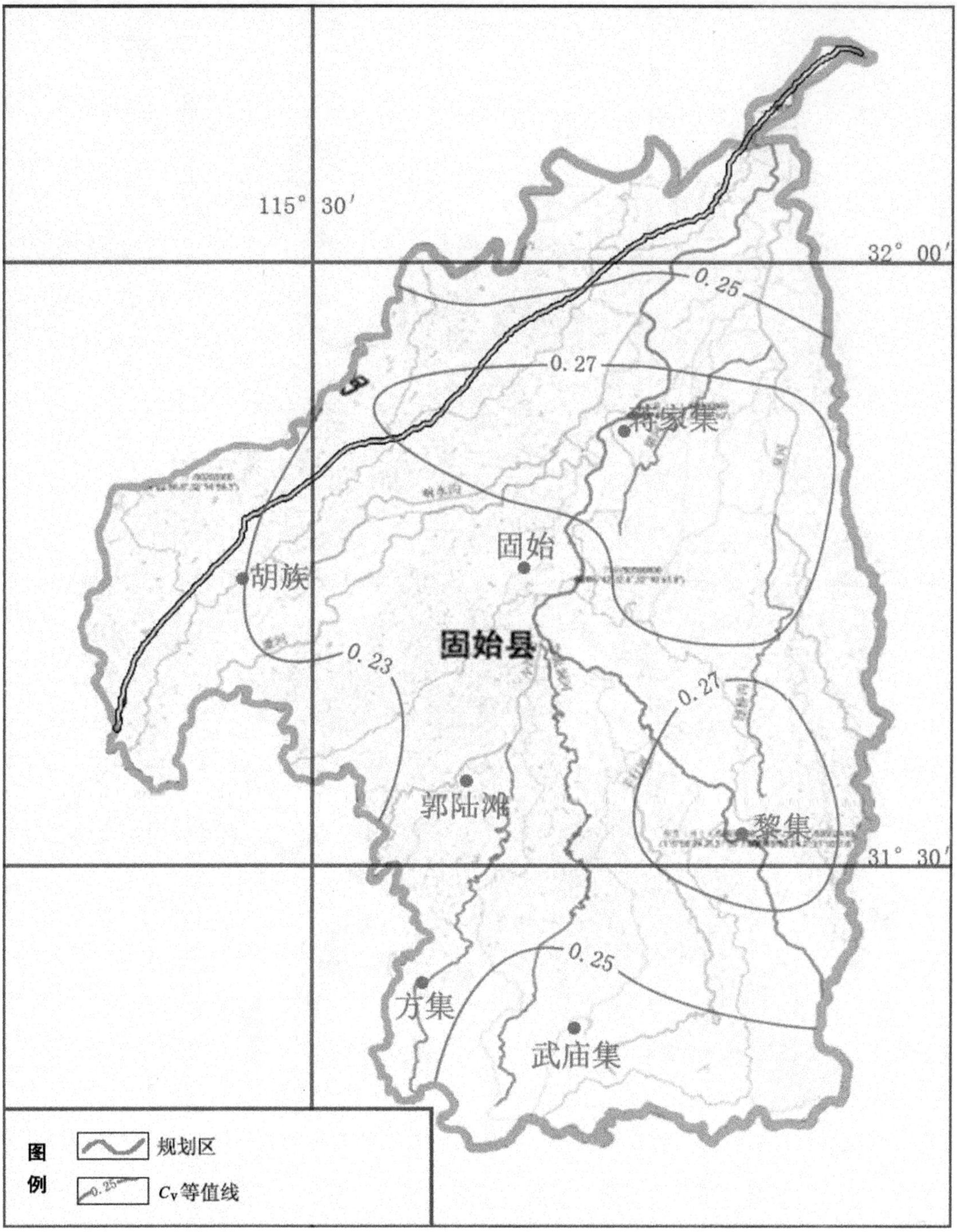

附图 5　固始县 1956～2014 年降水量变差系数 C_v 等值线

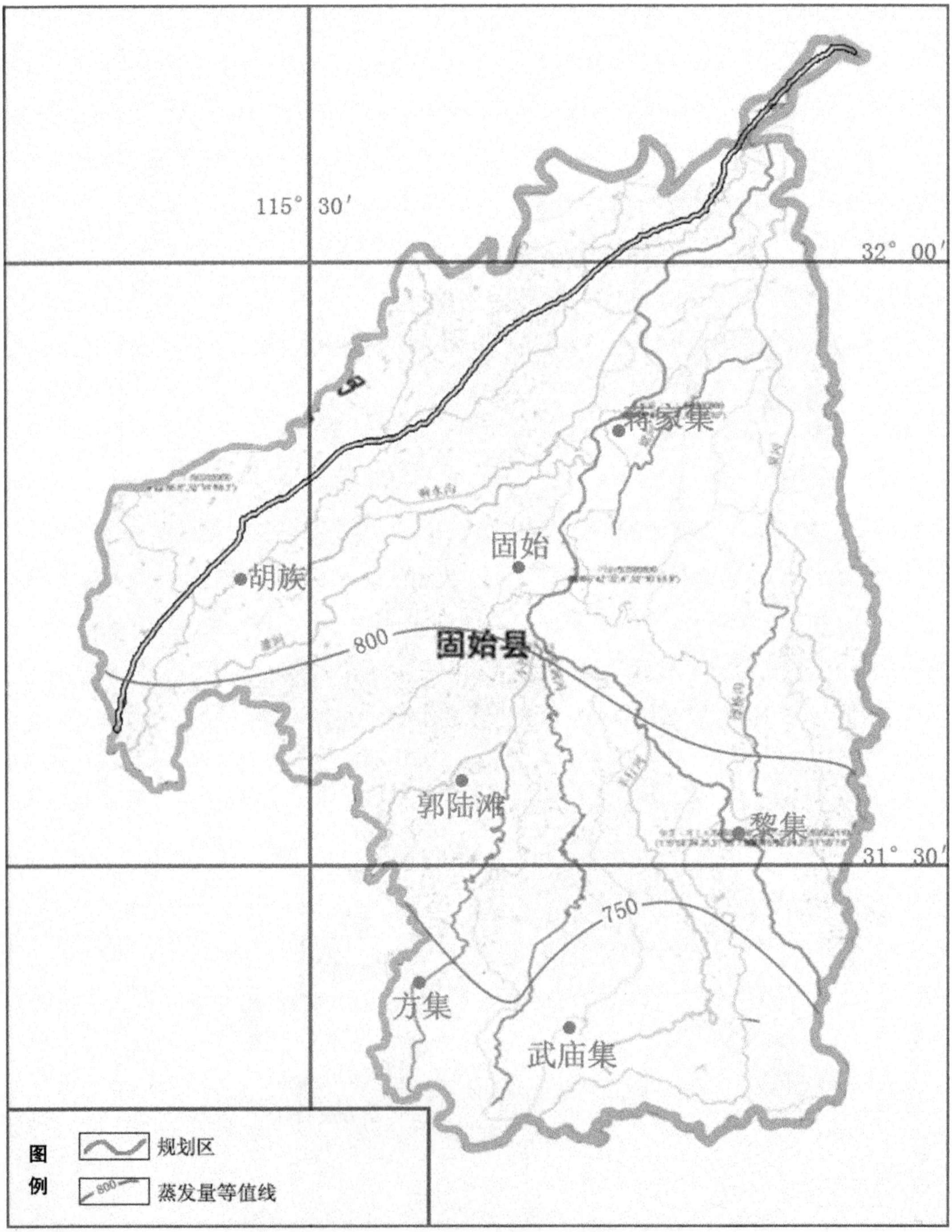

附图 6　固始县 1956 ~ 2014 年平均水面蒸发量等值线

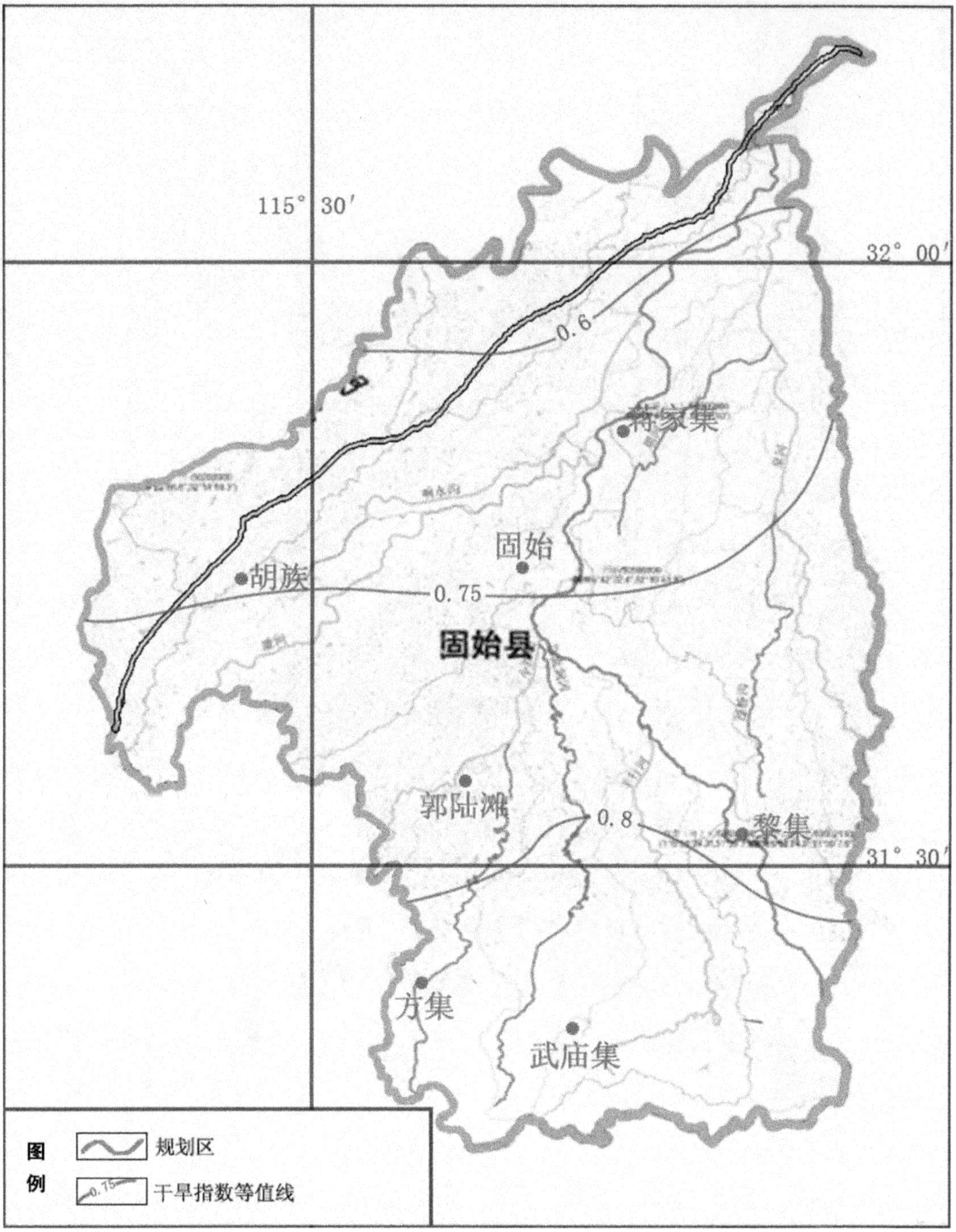

附图7　固始县1956～2016年平均干旱指数等值线

附图 8　固始县 1956 ~ 2015 年平均径流深等值线

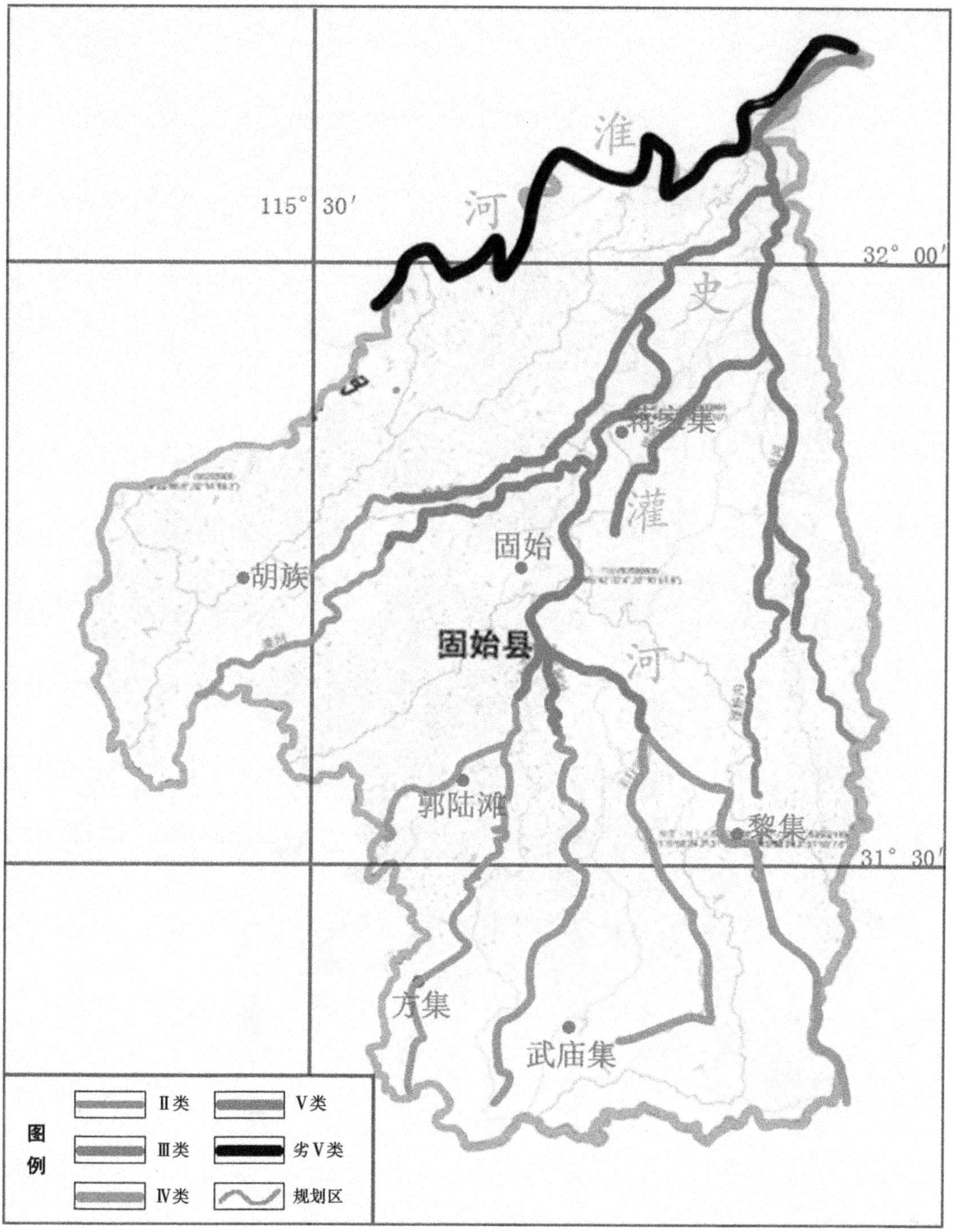

附图9　固始县地表水现状水质类别(全年)

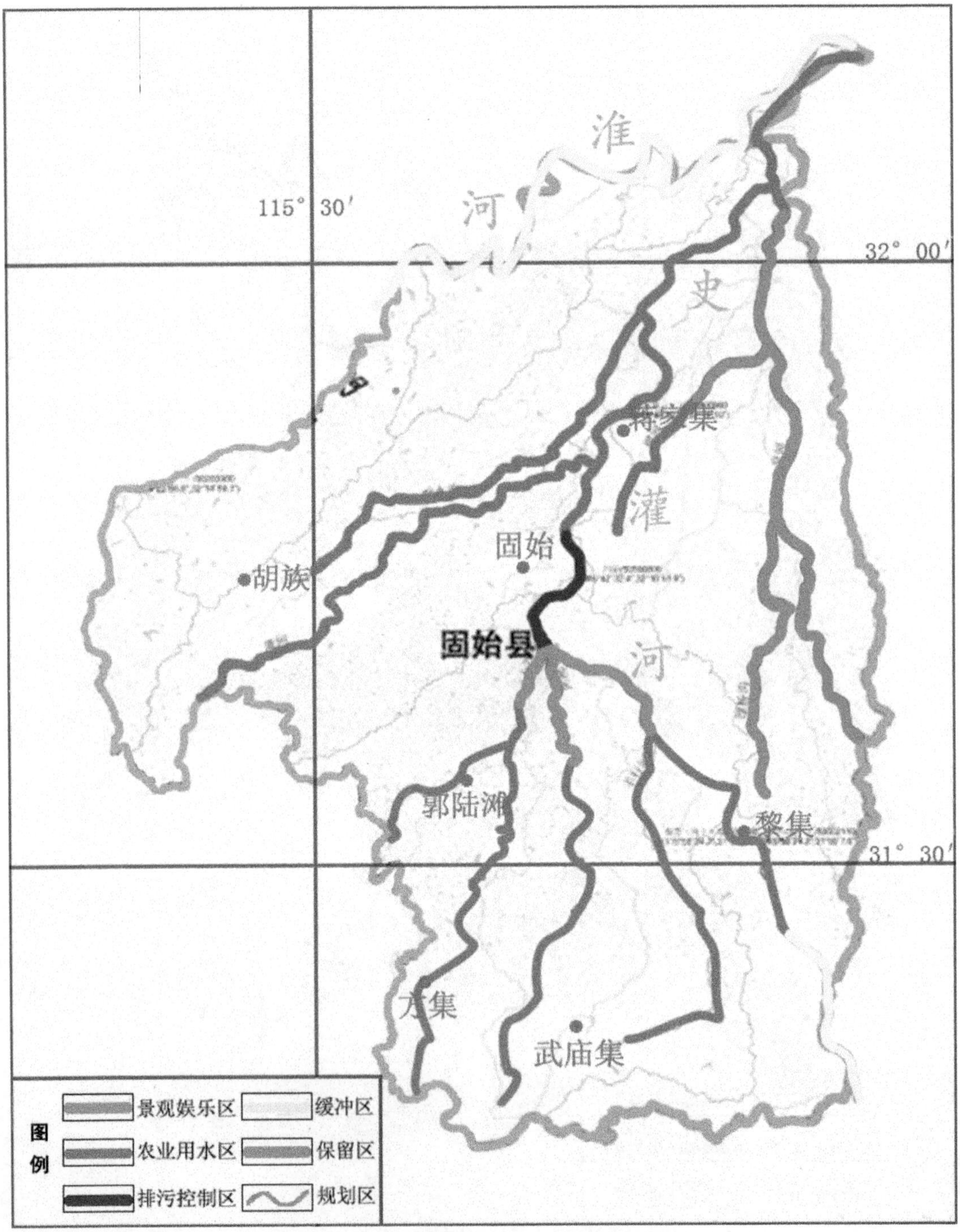

附图 10　固始县地表水水功能区分布(全年)

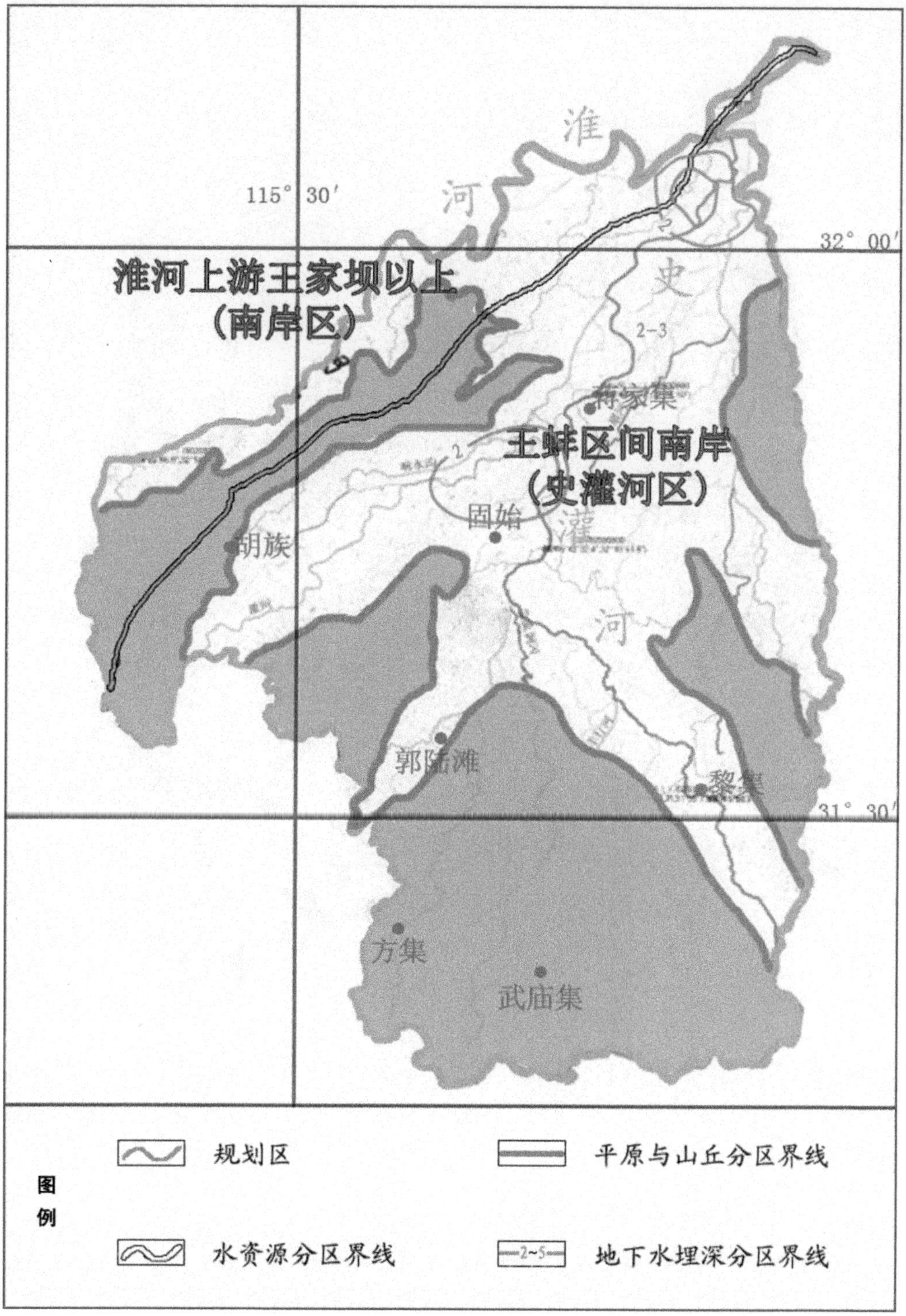

附图11 固始县平原区2014年浅层地下水埋深分布

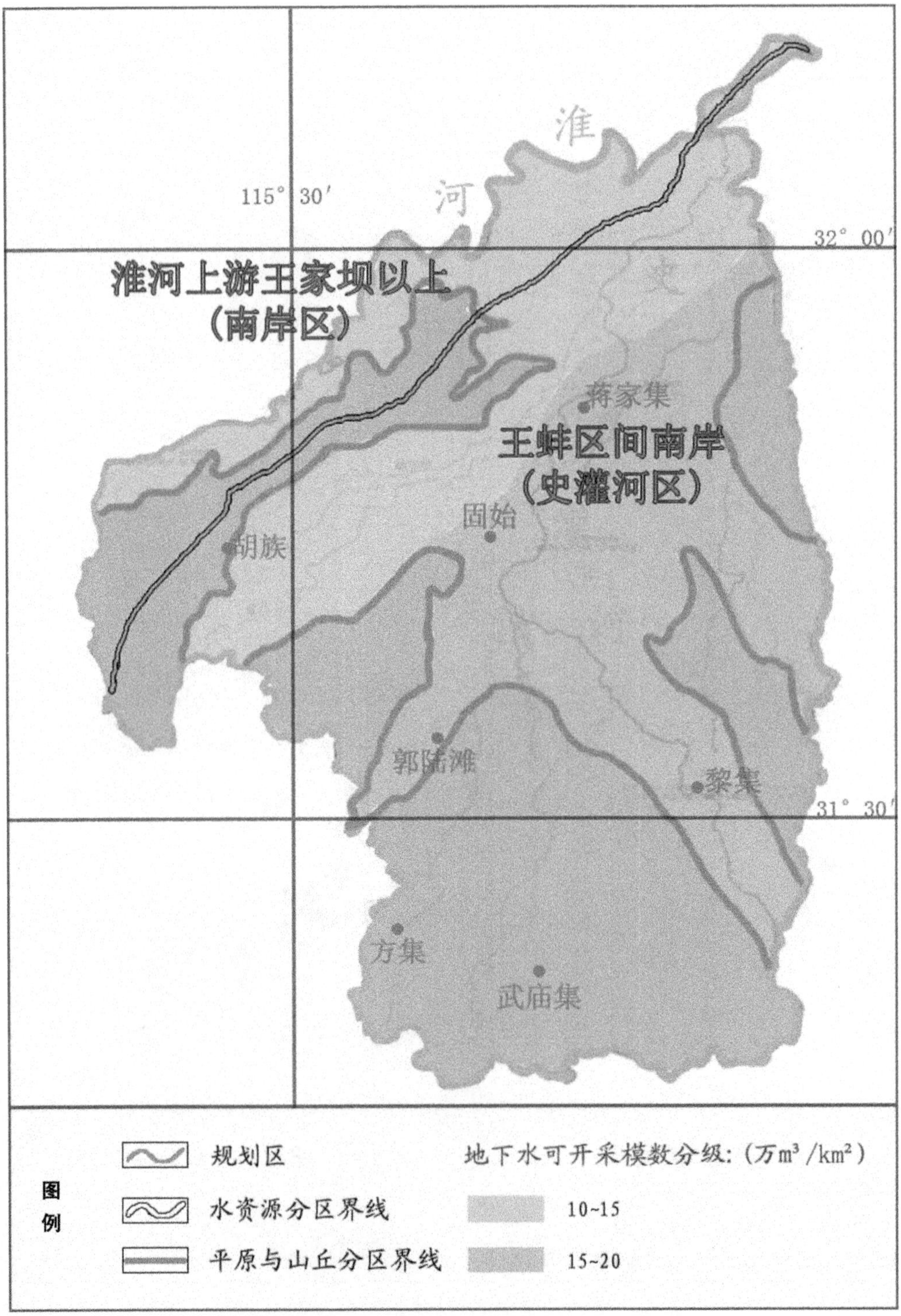

附图12　固始县平原区地下水可开采量模数分区

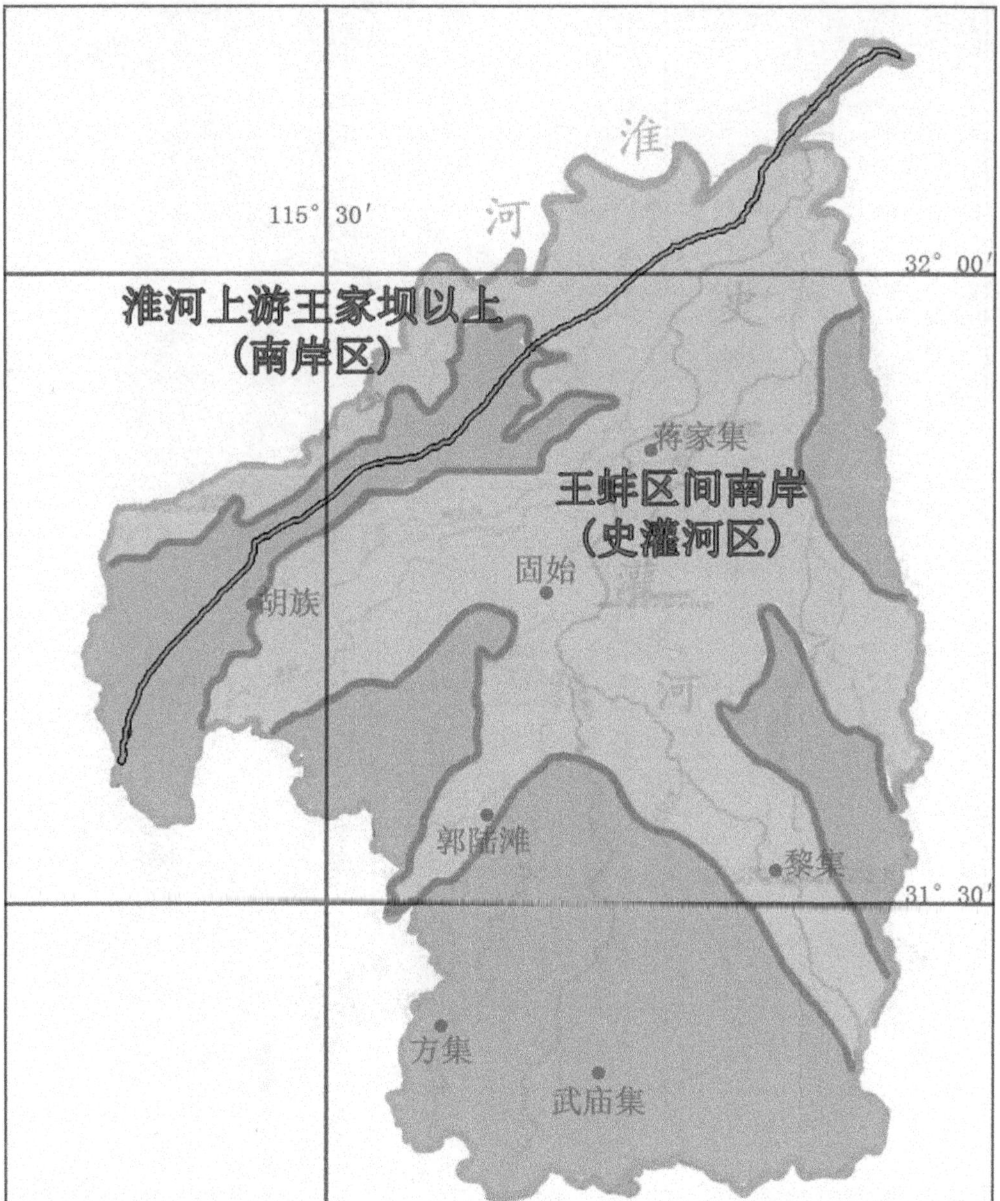

附图 13 固始县平原区地下水总补给模数分区

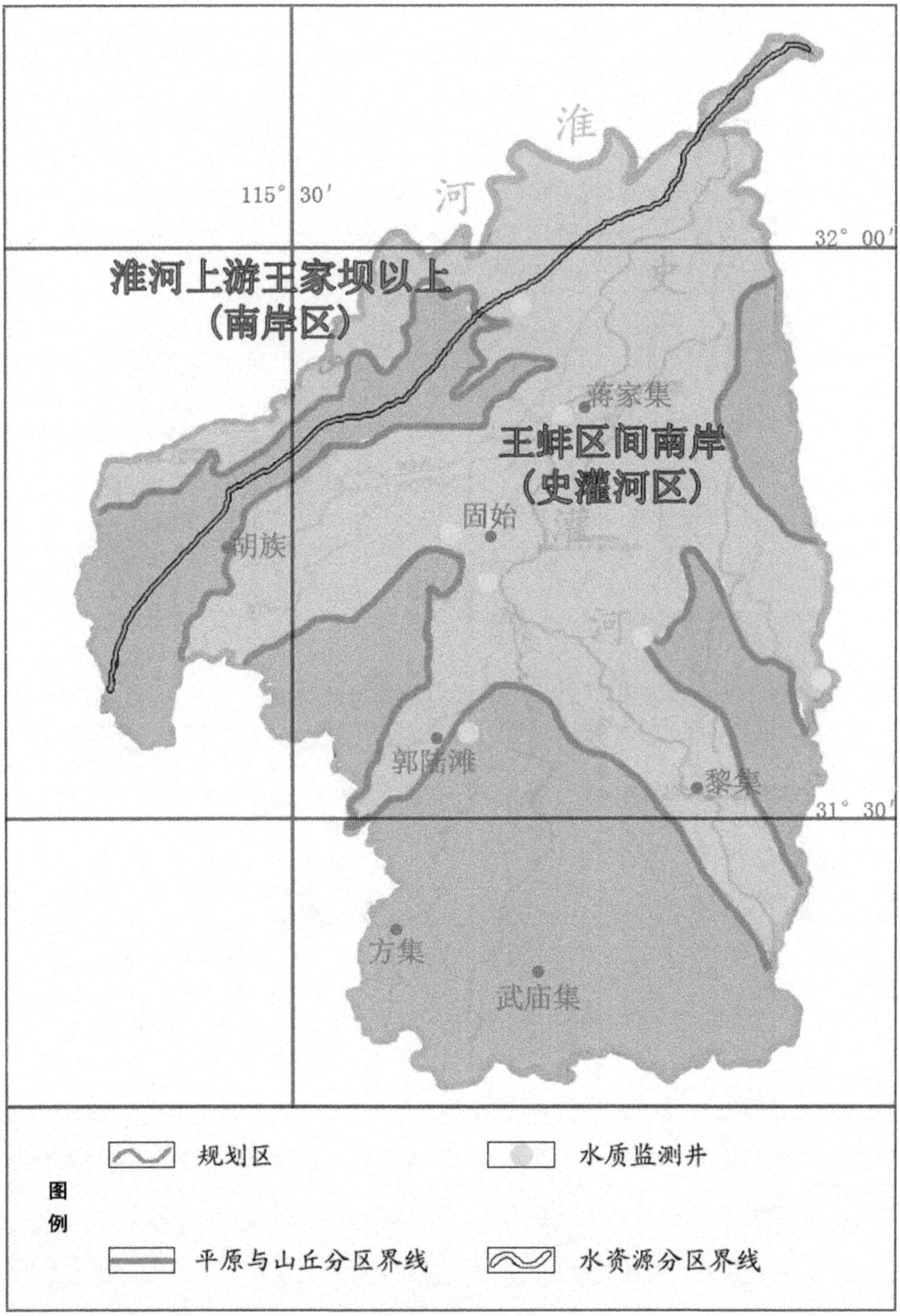

附图 14　固始县地下水水质监测井分布